高职高专电子信息类"十三五"规划教材

多媒体技术项目教程

主　编　毛小群　付　渊

副主编　刘梅华　刘睿强　彭　华

参　编　王宝英　赵淑平　隽昌薇

西安电子科技大学出版社

内 容 简 介

本书共分为 4 个项目，主要以多媒体技术为主体，在理论讲解的基础上通过具体实例使读者了解多媒体与多媒体技术的基本概念，熟悉常用的多媒体处理软件，掌握图形、图像、声音及文字等素材的处理方法，主要内容包括：素材的获取与存储，利用 Photoshop CS4 处理静态图像，数字视频编辑与处理，利用 Flash 制作动画。涉及的软件有：Photoshop CS4、Adobe Premiere Pro CS4、Flash Professional CS6 等。

本书可作为高职高专院校多媒体技术及应用课程的教材，也可作为多媒体技术爱好者的自学读物。

图书在版编目(CIP)数据

多媒体技术项目教程 / 毛小群，付渊主编. — 西安：西安电子科技大学出版社, 2017.7(2020.5 重印)
高职高专电子信息类"十三五"规划教材
ISBN 978-7-5606-4540-7

Ⅰ. ① 多… Ⅱ. ① 毛… ② 付… Ⅲ. ① 多媒体技术—教材 Ⅳ. ① TP37

中国版本图书馆 CIP 数据核字(2017)第 146119 号

策划编辑　秦志峰
责任编辑　杨　薇
出版发行　西安电子科技大学出版社(西安市太白南路 2 号)
电　　话　(029)88242885　88201467　　　邮　编　710071
网　　址　www.xduph.com　　　　　　电子邮箱　wmcuit@cuit.edu.cn
经　　销　新华书店
印刷单位　陕西天意印务有限责任公司
版　　次　2017 年 7 月第 1 版　　2020 年 5 月第 2 次印刷
开　　本　787 毫米×1092 毫米　1/16　印　张　11.5
字　　数　269 千字
印　　数　2001～4000 册
定　　价　28.00 元

ISBN 978-7-5606-4540-7 / TP
XDUP 4832001-2
***** 如有印装问题可调换 *****

前　言

在电子技术发展史上，电视、移动通信及计算机一直是三个互相独立的技术领域，各自有着互不相同的技术特征和服务范围。但是，至 20 世纪 80 年代末，随着激光存储技术、数据压缩技术及大规模集成电路制作技术的发展，原本三个相互独立的技术领域——电视、移动通信和计算机相互渗透、相互融合，形成了一门崭新的技术——多媒体技术。特别是近年来，随着 Internet 的普及，多媒体技术以其图、文、声、形并茂的特点，更是引起广大读者的极大兴趣。

本书分为 4 个项目，按照由浅入深、从基础到实战的规律，详细地介绍了 Photoshop CS4、Adobe Premiere Pro CS4、Flash Professional CS6 等软件的强大功能及操作方法。项目一是素材的获取与存储，主要介绍数码相机的拍摄技巧及多媒体技术概述。项目二是利用 Photoshop CS4 处理静态图像，主要介绍 Photoshop CS4 软件的工作界面，并通过实例详细介绍选区的基本操作、图层的编辑及通道的操作等知识。项目三是数字视频编辑与处理，主要介绍非线性编辑软件——Adobe Premiere Pro CS4 的使用，具体包括 Adobe Premiere Pro CS4 工作界面、视频特效、视频切换、音频特效、字幕编辑器等。项目四是利用 Flash 制作动画，主要介绍 Flash 软件的工作界面及交互式动画的创建方法。

本书项目一、项目三由毛小群编写，项目四由付渊编写，项目二由毛小群、付渊共同编写。由于时间仓促，编者水平有限，书中难免存在不足，恳请读者给予批评指正。

本书配有 PPT、素材及效果等学习资源，读者可扫书中二维码获取，根据提供的素材和教材中的步骤讲解边学边练。

编　者
2017 年 2 月

目　录

项目一　素材的获取与存储

任务 1　多媒体技术概述

学习目标

※ 了解多媒体及多媒体技术的基本概念。
※ 掌握多媒体技术的主要特点。
※ 了解多媒体技术的主要应用。

具体任务

1. 多媒体及多媒体技术
2. 多媒体技术的主要应用

任务详解

1. 多媒体及多媒体技术

1) 多媒体

"多媒体"一词译自英文"Multimedia"，而该词又是由 multiple 和 media 复合而成的。媒体(medium)在计算机行业里有两重含义，一是指存储信息的实体，如磁盘、光盘、磁带、半导体存储器等，中文常译作媒质；二是指传递信息的载体，如数字、文字、声音、图形、图像等，中文译作媒介。多媒体技术中的媒体主要是指后者，其基本要素包括文本、图形、静态图像、声音、动画、视频剪辑等。

多媒体是多种媒体的综合，在计算机系统中指组合两种或两种以上媒体的一种人机交互式信息交流和传播的媒体。多媒体具有以下主要特点。

(1) 信息载体的多样性：这一特点是相对于计算机而言的，即指信息媒体的多样性。

(2) 多媒体的交互性：交互性是多媒体应用有别于传统信息交流媒体的主要特点之一。传统信息交流媒体只能单向地、被动地传播信息，而多媒体技术则可以实现人对信息的主动选择和控制。

(3) 集成性：集成性是指能够对信息进行多通道统一获取，并以计算机为中心综合处理多种信息媒体，它包括信息媒体的集成和处理这些媒体的设备的集成。

(4) 数字化：数字化是指媒体以数字形式存在。多媒体能够实现主要依靠数字技术，多媒体代表数字控制和数字媒体的汇合，其中电脑是数字控制系统，而数字媒体则是当今音频和视频最先进的存储和传播形式。

(5) 实时性：实时性是指当用户给出操作命令时，相应的多媒体信息都能够随时间变化。

2) 多媒体技术

多媒体技术从不同的角度有着不同的定义。比如有人定义多媒体技术是将计算机硬件和软件设备进行混合，再结合各种视觉和听觉媒体，产生令人印象深刻的视听效果的技术。其中视觉媒体包括图形、动画、图像和文字等媒体，而听觉媒体则包括语言、立体声响和音乐等。用户可以通过多媒体计算机同时接触到各种各样的媒体来源。也有人将多媒体技术定义为：传统的计算媒体——文字、图形、图像、逻辑分析方法等与视频、音频以及为了知识创建和表达的交互式应用的结合体。

简而言之，多媒体技术就是利用计算机对文本、图形、图像、声音、动画、视频等多种信息进行综合处理、建立逻辑关系和人机交互作用的技术，具有集成性、实时性和交互性等基本特点。

所以说，真正意义上的多媒体技术所涉及的对象是计算机技术的产物，而其他的单纯事物，如电影、电视、音响等，目前均不属于多媒体技术的范畴。

2. 多媒体技术的主要应用

通常的计算机应用系统可以处理文字、数据和图形等信息，而多媒体计算机除了处理以上种类的信息以外，还可以综合处理图像、声音、动画、视频等信息，开创了计算机应用的新纪元。多媒体技术极大地改变了人们获取信息的传统方法，符合人们在信息时代的阅读方式。多媒体技术的发展改变了计算机的使用领域，使计算机由办公室、实验室中的专用品变成了信息社会的普通工具，广泛应用于广告、艺术、教育、娱乐、工程、医药、商业及科学研究等各个领域。

利用多媒体网页，商家可以将广告变成有声有画的互动形式，不仅更吸引用户，也能够在同一时间内向准买家提供更多商品的信息，但下载时间太长，是采用多媒体制作广告的一大缺点。

利用多媒体进行教学，除了可以增加自学过程的互动性，还可以提升学生的学习兴趣，利用视觉、听觉及触觉三方面的反馈来增强学生对知识的吸收。

多媒体技术是一种迅速发展的综合性电子信息技术，它给传统的计算机系统、音频和视频设备带来了方向性的变革，将对大众传媒产生深远的影响。多媒体计算机将加速计算机进入家庭和社会各个方面的进程，给人们的工作、生活和娱乐带来深刻的革命。

多媒体还可以应用于数字图书馆、数字博物馆等领域。此外，道路交通等也可使用多媒体技术进行相关监控。

任务2 图像的获取

学习目标

※ 掌握下载网络图片的方法。

※　掌握利用截屏工具实现静态、动态截图的方法。

※　熟悉数码照相机的拍摄技巧。

具体任务

1. 从网上下载一张风景图片
2. 利用 Snagit11 专业抓图工具，截取电脑桌面背景图
3. 运用 Snagit11 专业抓图工具，录制风景图片获取过程
4. 掌握数码相机拍摄技巧——取景、构图及用光

任务详解

1. 从网上下载一张风景图片

(1) 连接网络；

(2) 双击鼠标左键，打开 IE 浏览器，输入网址 www.baidu.com；

(3) 输入"风景图片"后按下"Enter"键，如

Baidu百度　　风景图片　　　　　　　　　　　　　✕　　百度一下

(4) 在搜索到的网址中，打开"风景图片_百度图片"网址；

(5) 将鼠标放在所需图片上(图 1.1 所示碧海蓝天)停顿片刻，在图像左下角即可显示图像的分辨率，单击右键，在弹出的快捷菜单中选择"图片另存为…"选项，保存好即可。

图 1.1　碧海蓝天

注意：每次下载图片时，不需要将图片一一打开，为节省下载时间，可直接在多张图片中选中需要的图片并点击鼠标右键，然后选择"图片另存为…"选项即可。

2. 利用 Snagit11 专业抓图工具，截取电脑桌面背景图

(1) 打开抓图软件 Snagit11，设置各选项如图 1.2 所示。

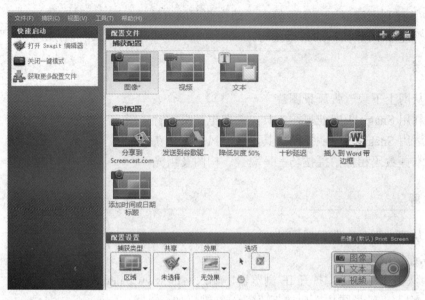

图 1.2　Snagit11 工作界面

（2）设置好后点击红色圆形按钮 ，准备抓图。

（3）按下鼠标左键并拖动鼠标，即可选择抓图区域；放开鼠标后，被抓的图像自动保存到 Snagit11 编辑器中，如图 1.3 所示。

图 1.3　桌面背景抓图

（4）在 Snagit11 编辑器中，选择"文件"→"保存"选项，将图片保存到所需位置。

3. 运用 Snagit11 专业抓图工具，录制风景图片获取过程

（1）打开抓图软件 Snagit11，选择"视频"，如图 1.4 所示；

图 1.4 Snagit11 录屏界面

(2) 设置好后点击红色圆形按钮 ，准备录屏；

(3) 按下鼠标左键并拖动鼠标，即可选择录屏区域；

(4) 按下"Shift + F9"键开始录屏；

(5) 录制完成后，按下"Shift + F10"键结束录屏，并在 Snagit11 编辑器中保存对应视频。

4. 掌握数码相机拍摄技巧——取景、构图及用光

随着数字技术的发展，数码相机已不再是稀罕物，摄影也不仅仅是职业摄影师的事，人人都可以进行摄影。但是，在摄影的过程中，不少初级用户经常反映，数码相机拍摄出来的图片黯淡，欠缺活力，噪点多，景深浅(特别在微距模式下)，偏色等。他们坚信，必须拥有一部专业的相机才能拍出梦想中的完美照片。但事实是，使用好的摄影器材的确可以帮助我们拍出技术指标良好的照片，但一张照片的成功与否还是掌握在使用相机的人手中，取决于使用相机的人是否掌握了摄影的关键技巧。在数字化的今天，摄影在原来的拍摄技艺的基础上对人们又提出了新的要求。

一幅好的摄影作品必须有一个好的、鲜明的主题，而主题在一定程度上是由画面中的主体来体现的。主体是画面结构的中心，也是画面内容的主要表达者，主体是否突出离不开陪体的衬托，也离不开背景环境的烘托。因此，一个好的摄影作品一般是通过主体、陪体、前景和背景等这几种元素的合理布局及用光产生的。

1) 主体

主体是画面所表现内容的主要表达者，是主题思想的直接体现者，是画面结构的中心。在摄影原则中很重要的一点就是要突出主体，利用各种手法让主体鲜明，从而达到吸引人眼球的目的。

突出主体最简单的方法是让主体充满整个画面，如图 1.5 所示。或者让主体处于画面趣味中心位置，如图 1.6 所示。另外，还可以通过色彩对比、虚实对比(如图 1.7 所示)、光线明暗等各种造型手段的运用，来达到突出主体的目的。

图 1.5　明眸

图 1.6　梦中芭蕾

图 1.7　短暂生命低调华丽

2) 陪体

陪体是指画面上与主体构成一定的情节,帮助表达主体的特征和内涵的对象。组织到画面上来的对象有的是处于陪体地位,它们与主体组成情节,对深化主体内涵、帮助说明主体的特征起着重要作用。画面上由于有陪体,视觉语言会准确生动得多。陪体的作用有如下几个特点。

(1) 陪体深化主体的内涵。

(2) 在画面上处理好陪体,实质上就是要处理好情节。陪体的选择要能用来刻画人物的性格,说明事件的特征,也就是要有典型性。

(3) 陪体的安排必须以不削弱主体为原则,不能喧宾夺主,陪体在画面中所占面积的多少、色调的安排、线条的走向、人物的神情动作,都要与主体配合紧密,息息相关,不能游离于主体之外。由于画面布局有轻重主次之分,所以陪体在画面上常常是不完整的,只需要留下能够说明主题的那一部分就够了。陪体过全,主体会削弱,因此不要贪大求全,要从实际效果出发适当取舍。如图 1.8 所示,《时装艺术家》是一幅世界名作,作者是英国著名摄影家密尔顿 H·格林。我们在观赏这幅作品时,不难发现最吸引目光的是站在正中那位身着黑色西装的时装艺术家。尽管站在时装艺术家周围的几位女郎浓妆艳抹、衣着时尚,但丝毫不会使观赏者的视线从时装艺术家身上移开。为什么会有这样的效果呢?

图 1.8　时装艺术家

这幅作品的主体是画面正中的时装艺术家,其他人物都是陪体,都在为突出主体而服务。摄影师运用多方面的艺术手段,如站位、体态、神态、衣着及色彩等方面,十分鲜明地突出了主体,极致地展现了摄影艺术的魅力。

(4) 陪体的表现也分为直接和间接表现。陪体虽是与主体构成情节的对象,但有一些与主体构成情节的对象却不在画面之中,而在画面之外,画面上主体的动作神情与画面以外的某一对象有联系，这对象虽然没有表现在画面之上，却一定会出现在观赏者的想象之中，这种表现叫作陪体的间接表现。如图 1.9 是李唐的诗意画《踏花归来马蹄香》。

图 1.9　踏花归来马蹄香

　　《踏花归来马蹄香》是李唐年轻时遇画院考试时所画的著名作品，当时考官出题《踏花归来马蹄香》，众人冥思苦想：有人把重点放在马蹄上，有人把重点放在色彩艳丽的花朵上，均不理想。而李唐画的则是翩翩少年骑马飞奔，几只蝴蝶萦绕在马蹄间，随马前行，久久不舍离去。画中没有一片花，却使人感到因为马蹄踏花沾染了浓厚的花香，所以蝴蝶才追逐不舍。作者利用蝴蝶追逐马蹄表现了花的香气，更让人联想到画面之外绚丽多彩的鲜花。

　　3) 前景

　　前景是指在主体前面或靠近镜头位置的人或物。前景可以在画面的上、下、左、右边缘，主要起烘托主体或直接帮助表达主题的作用，还能增强画面的空间深度，均衡和美化画面。运用前景时，应尽可能与内容密切配合，前景要美，要富有装饰色彩，但不能破坏画面的统一，不能混淆主次。因场面调度和机位的变化，前景也可能相应地转换为背景。

　　4) 背景

　　背景是指画面中主体后面的景物。在摄影作品中，主体与背景是图与底的关系，背景可能是一面墙，也可能是一块黑板、一些锅碗瓢盆，它能表现人与物所处的时空环境，营造各种画面情调、氛围，帮助阐释画面内容。

　　5) 构图

　　对于摄影初学者来说，除了要熟悉光圈、快门、ISO 等摄影参数的作用以外，构图也是必须要学习的。合理的构图可以使照片更加出色。

　　构图在中国传统绘画中被称为"章法""布局"。摄影画面的构图就是根据主题思想的要求，把所要表现的客观对象用以现实生活为基础但比现实生活更富有表现力的表现形式，有机地组织、安排在画面中，使主题思想得到充分的表达。常见的构图方法有：三分法构图、对角线(或斜线)构图、三角形构图、S 形构图、框架式构图等。

　　(1) 三分法(又称九宫格构图法)构图是指把画面横分三份，纵分三份，每一份中心都可放置主体形态，这种构图适宜多形态平行焦点的主体。它也可表现大空间，小对象，也可反相选择。这种画面构图，表现鲜明，构图简练，可用于近景等不同景别。

通过取景器观察景物时，不妨想象着把画面划分成三等份。线条交叉处就是安排趣味中心的地方。当然这条规则是可以灵活运用的，趣味中心不一定要正好在交叉点上，但大致得在那一带。画面右端那些线条交叉处通常表现力是最强烈的；当然，左边三分之一处有时也用来安排趣味中心，这要根据画面怎样平衡而定。三分法对横画幅和竖画幅都适用。按照三分法安排主体和陪体，照片就会显得紧凑有力。

图1.10是我国著名摄影家袁毅平先生在1961年拍摄的一幅代表作，取名《东方红》。这幅作品的主题是歌颂伟大祖国的，象征着社会主义事业走过黑夜，迎来了新的曙光。该图构图接近于三分法构图，利用斜侧角度拍摄，将天安门、路灯、树安排在下三分之一水平线处，采用仰角拍摄，让满天彩霞占据了上面三分之二的空间，使整个画面显得简洁大气。

图1.10 东方红

在风景拍摄中使用九宫格构图法，不仅可以将摄影主体放在最合适的位置，还可以帮助确定天空和地面的比例，一般来说，天空、地面其中一项占据约三分之一的区域，另一项占据约三分之二的区域，如果不是特殊场景不太建议将天空和地面做平分构图处理。另外，利用九宫格辅助构图线，还有一个好处就是可以确认建筑、地平线等线条是否平直，避免构图出现倾斜。

(2) 对角线(或斜线)构图法可以使画面变得活泼，不至于呆板。把主体安排在对角线上，能有效利用画面对角线的长度，使陪体与主体发生直接关系，使画面富有动感，显得活泼；此外，对角线构图容易产生线条的汇聚趋势，吸引人的视线，达到突出主体的效果，如图1.11所示。

图 1.11　斜线构图

(3) 三角形构图法一般分为两种，有正立的三角形以及斜三角形(或倒三角形)，这两种三角形给人带来的感觉截然不同。正立的三角形给人以稳定严肃之感，有时甚至会有点死板，在拍摄寺庙的大殿或者有气势的建筑时可以采用正立的三角形构图法；而斜三角形(或倒三角形)却恰好相反，充满了活泼与动感，如图 1.12 所示。

图 1.12　三角形构图

(4) S 形构图实际上是指画面上的景物呈 S 形曲线的构图形式，S 形构图具有曲线的优点，优美而富有活力和韵味。同时，S 形构图会使读者的视线随着 S 形向纵深移动，可有力地表现其场景的空间感和深度感。S 形构图分竖式和横式两种，竖式可表现场景的深远，横式可表现场景的宽广。S 形构图着重在线条与色调紧密结合的整体形象，而不是景物间的内在联系或彼此间的呼应。

　　S形构图最适于表现自身富有曲线美的景物。在自然风光摄影中，可选择弯曲的河流、庭院中的曲径、矿山中的羊肠小道等，在大场面摄影中，可选择排队购物、游行表演等场景；在夜间拍摄时可选择蜿蜒的路灯、车灯行驶的轨迹等，如图1.13所示。

图1.13　S形构图

　　(5) 框架式构图是用一些前景将主题框住，如图1.14所示，常用的有树枝、拱门、装饰漂亮的栏杆和厅门等。这种构图可以很自然地把观赏者的注意力集中到主体上，有助于突出主题。但另一方面，焦点清晰的边框虽然有吸引力，却可能会与主体相对抗。因此用框架式构图多会配合光圈和景深的调节，使主体周围的景物清晰或虚化，使人们自然地将视线放在主体上。

图1.14　框架式构图

6) 摄影用光技巧

根据相机、被摄物体和光源所处的方位不同，可从任何侧面捕捉到被摄物体。当主光源很强时(如明亮的阳光)，从相机取景的角度来看，不同角度的光投射在被摄物体的不同部位会产生不同的效果，基本可以分为 4 种类型：顶光、顺光、侧光、逆光。

(1) 顶光：最不利于拍摄，尤其是人像，容易产生效果极差的光影，对于日常拍摄，反差较大，立体感又不是很强，是拍摄中最不理想的光线，所以通常摄影者不选择正午时分进行自然光拍摄。不过如果运用得当还是可以拍摄出绝佳的照片的，例如赫布·瑞茨拍摄的麦当娜的一张仰头的黑白照片就是拍摄于正午时分，如图 1.15 所示。

图 1.15　麦当娜

(2) 顺光：相机与光源在同一方向上，正对着被摄主体，其朝向镜头的面容易得到足够的光线，可以使被拍摄物体更加清晰。根据光线的角度不同，顺光又可分为正顺光和侧顺光两种。

① 正顺光：就是顺着镜头的方向直接照射到被摄主体上的光线。使用这样的光线拍摄出来的影像，主体对比度会降低，像平面图一样缺乏立体感。在这样的光线下拍摄，其效果往往并不理想，会使被摄主体失去原有的明暗层次。绝大多数的机载闪光灯照明下拍摄的照片就是这种光线。

② 侧顺光：就是光线从相机的左边或右边侧面射向被摄主体。在进行拍摄时，侧顺光是使用单光源摄像较理想的光线。多数情况下用 15°～45° 侧顺光来进行照明，即相机与被摄主体之间的连线，和光源与被摄主体之间的连线形成的夹角为 15°～45°。此时面对相机的被摄主体部分受光，出现了部分投影，这样能更好地表现出人物的面部表情和皮肤质感，既保证了被摄主体的亮度，又可以使其明暗对比得当，有立体感。

(3) 侧光：侧光的光源是在相机与被摄主体形成的直线的侧面，光线从侧方照射向被摄主体上。此时被摄主体正面一半受光线的照射，影子修长，投影明显，立体感很强，能够表现出建筑物的雄伟高大。但由于明暗对比强烈，不适合表现主体质感细腻的一面。不过许多情况下这种测光可以很好地表现粗糙表面的质感。

(4) 逆光：光线正对镜头射入，比较考验镜头的抗晕光能力，也考验摄影师的测光判断经验，运用好则能拍摄出出色的照片。

任务3 图像在计算机中的存储

学习目标

※ 了解图像的数字化过程，掌握采样、量化的基本概念。
※ 了解 RGB 色彩空间模型，掌握颜色的三要素。
※ 掌握影响图像质量的主要因素。

具体任务

1. 图像信息的数字化过程
2. 颜色及色彩空间
3. 图像存储格式

任务详解

1. 图像信息的数字化过程

使用计算机处理图像时，必须先把真实的图像转变成计算机能够接受的显示和存储格式，然后再用计算机进行分析处理，即所有图像必须经过图像数字化处理。图像数字化是将连续色调的模拟图像经采样量化后转换成数字影像的过程，主要分为采样、量化与编码三个步骤。

1) 采样

按照一定时间间隔(T)或空间间隔，采集模拟信号的过程称为采样。采样的实质就是要用若干点来描述一幅图像，采样结果质量的高低是用图像分辨率来衡量的。简单来讲，将二维空间上连续的图像在水平和垂直方向上等间距地分割成矩形网状结构，每个方形小网格称为像素点。一幅图像就被采样成有限个像素点构成的集合。例如，一幅 640×480 分辨率的图像，表示这幅图像是由 $640 \times 480 = 307\ 200$ 个像素点组成的。

采样频率是指一秒钟内采样的次数，它反映了采样点之间的间隔大小。采样频率越高，得到的图像样本越逼真，图像的质量越高，但要求的存储量也越大。

采样时，采样点间隔大小的选取很重要，它决定了采样后的图像真实地反映原图像的程度。一般来说，原图像中的画面越复杂，色彩越丰富，则采样间隔应越小。由于二维图像的采样是一维的推广，根据信号的采样定理，要从取样样本中精确地复原图像，可得到图像采样的奈奎斯特采样定理：图像的采样频率必须大于或等于原图像最高频率的两倍。

其采样过程如图 1.16 所示。

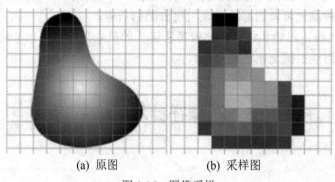

(a) 原图　　　　　　(b) 采样图

图 1.16　图像采样

2) 量化

经采样后，图像在空间上实现了离散，但数值上还是连续的，必须经过量化实现数值上的离散。

量化是指使用一定范围的数值来表示图像采样之后的每一个点。量化的结果是图像能够容纳的颜色总数，它反映了采样的质量。假设有一幅黑白照片，因为它在水平于垂直方向上的灰度变化都是连续的，可认为有无数个像素，而且任一点上灰度的取值都是从黑到白可以有无限个可能值。通过沿水平和垂直方向的等间隔采样可将这幅模拟图像分解为近似的有限个像素，每个像素的取值代表该像素的灰度(亮度)。对灰度进行量化，使其取值变为有限个可能值。

经过采样和量化得到的一幅空间上表现为离散分布的有限个像素，灰度取值上表现为有限个离散的可能值的图像称为数字图像。只要水平和垂直方向采样点数足够多，量化比特数足够大，数字图像的质量就能毫不逊色于原始模拟图像。

为表示量化的色彩值(或亮度值)所需的二进制位数称为量化字长，一般可用 8 位、16 位、24 位或 32 位字长来表示图像的颜色；量化字长越大，则越能真实地反映原有图像的颜色，但得到的数字图像的容量也越大。

例如，图 1.17(a)的连续图像灰度值的曲线如图 1.17(b)，取白色值最大，黑色值最小。

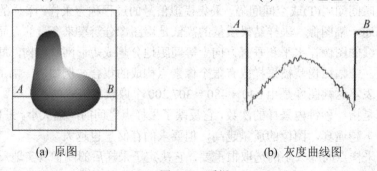

(a) 原图　　　　　　　　　　　　(b) 灰度曲线图

图 1.17　采样

先采样：沿线段 *AB* 等间隔进行采样，取样值在灰度值上是连续分布的，如图 1.18(a)所示；

再量化：对连续的灰度值再进行数字化(8 个级别的灰度级标尺)，如图 1.18(b)所示。

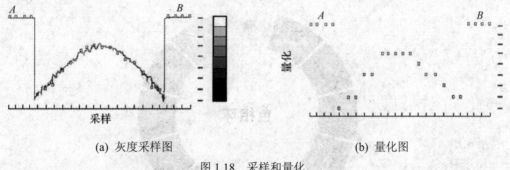

(a) 灰度采样图   (b) 量化图

图 1.18 采样和量化

3) 压缩编码

数字化后得到的图像数据量十分巨大，必须采用编码技术来压缩其信息量。在一定意义上讲，编码压缩技术是实现图像传输与存储的关键。

目前已有许多成熟的编码算法应用于图像压缩。常见的有图像的预测编码、变换编码、分形编码、小波变换图像压缩编码等。

当需要对所传输或存储的图像信息进行高比率压缩时，必须采取复杂的图像编码技术。但是，如果没有一个共同的标准做基础，不同系统间就不能兼容，除非每一个编码方法的各个细节完全相同，否则各系统间的连接十分困难。

为了使图像压缩标准化，20 世纪 90 年代后期，国际电信联盟(ITU)、国际标准化组织 ISO 和国际电工委员会 IEC 近年来已经制定了一系列静止和活动图像编码的国际标准，还有很多的标准正在不断地研究和更新中。现已批准的标准主要有 JPEG 标准、MPEG 标准、H.261 等。这些标准和建议是在相应领域工作的各国专家合作研究的成果和经验的总结。这些国际标准的出现也使图像编码尤其使视频图像编码压缩技术得到了飞速发展。目前，以这些标准为基础的硬件、软件产品和专用集成电路已经在市场上大量涌现(如图像扫描仪、数码相机、数码摄录像机等)，这对推进现代图像通信的迅速发展和开拓图像编码新的应用领域发挥了重要作用。

图像的数字化是以像素为单位，用一组离散的整数值表示图像颜色和亮度信息的过程。因此，如何表现每个像素的颜色和亮度成为图像数字化过程的基础。

2. 颜色及色彩空间

1) 颜色

颜色是通过眼、脑和人们的生活经验所产生的一种对光的视觉效应，是可见光的基本特性。人们肉眼所见到的光线，是由波长范围很窄的电磁波产生的，不同波长的电磁波表现为不同的颜色，对色彩的辨认是肉眼受到电磁波辐射刺激后所引起的一种视觉神经的感觉。颜色具有三个特征参数，即色相、明度和饱和度。

(1) 色相是颜色的最大特征。所谓色相，是指能够比较确切地表示某种颜色色别的名称，如红、绿、蓝、黄、青……如图 1.19 所示。从光学物理上讲，各种色相是由射入人眼的光线的光谱成分决定的。对于单色光来说，色相完全取决于该光线的波长；对于混合色光来说，色相取决于各种波长光线的相对量。物体的颜色是由光源的光谱成分和物体表面反射(或透射)的特性决定的。

图 1.19　色相环

(2) 明度是指色彩的明暗程度。颜色有深浅、明暗的变化。比如，深黄、中黄、淡黄等黄颜色在明度上就不一样，深红、玫瑰红、粉红、橘红等红颜色在亮度上也不尽相同。这些颜色在明暗、深浅上的不同变化，也就是色彩的明度变化。

(3) 饱和度又称为彩度或纯度，是指色彩的纯净程度，它表示颜色中所含有色成分的比例。含有色成分的比例愈大，则色彩的纯度愈高，含有色成分的比例愈小，则色彩的纯度也愈低。可见光谱的各种单色光是最纯的颜色，为极限纯度。当一种颜色掺入黑、白或其他彩色时，纯度就产生变化。当掺入色达到很大的比例时，在眼睛看来，将失去原来的颜色，而变成掺入的颜色了。当然这并不等于说在这种被掺入的颜色里已经不存在原来的色素，而是由于大量的掺入色而使得原来的色素被同化，人的眼睛已经无法感觉出来了。

2) 色彩空间

"色彩空间"(Color Space)，又称作"色域"。色彩学中，人们建立了多种色彩模型，以一维、二维、三维甚至四维空间坐标来表示某一色彩，这种坐标系统所能定义的色彩范围即色彩空间。色彩空间有许多种，经常用到的色彩空间主要有 RGB、CMYK、HSV 及 YUV 等。

(1) RGB 色彩空间。RGB 色彩空间模型是通过红色(Red)、绿色(Green)和蓝色(Blue)三种基本颜色的不同程度的叠加，来产生各种各样的不同颜色。该模型为图像中每个像素的 RGB 各个分量分配一个 0~255 的灰度值。因此 RGB 图像只要使用三种颜色，按不同的比例混合就可以产生 $256 \times 256 \times 256 = 16\,777\,216$ 种颜色。这个标准能够涵盖人类视力所能感知的所有颜色，是目前运用广泛的颜色系统之一。它将色相、明度、饱和度三个量放在一起表示，很难分开。它是最通用的面向硬件的彩色模型。该模型常用于彩色监视器和一大类彩色视频摄像。

(2) CMYK 色彩空间。CMYK 色彩空间是专门用于印刷的色彩空间，它是一种专门针对印刷业设定的颜色标准。与显示器三原色红(R)、绿(G)、蓝(B)不同，分色印刷采用青(C)、品红(M)、黄(Y)及黑(K)，它们构成了油墨印刷中的 CMYK 色彩空间。

由于 CMYK 与 RGB 不完全重合，因此可能导致一些在印刷品中出现的颜色无法在标准显示器中显示；而一些在显示器中显示的颜色，无法被印刷出来。在使用时需要注意这些问题。

(3) HSV 色彩空间。HSV 色彩空间是为了更好地数字化处理颜色而提出来的，其中，H 是色调，S 是饱和度，V 是明度。

色调 H 用角度度量，取值范围为 0°～360°，从红色开始按逆时针方向计算，红色为 0°，绿色为 120°，蓝色为 240°。它们的补色是：黄色为 60°，青色为 180°，品红为 300°。

饱和度 S 表示颜色接近光谱色的程度。一种颜色，可以看成是某种光谱色与白色混合的结果。其中光谱色所占的比例愈大，颜色接近光谱色的程度就愈高，颜色的饱和度也就愈高。饱和度高，颜色则深而艳。光谱色的白光成分为 0，饱和度达到最高。饱和度 S 的通常取值范围为 0%～100%，值越大，颜色越饱和。

明度 V 表示颜色明亮的程度，对于光源色，明度值与发光体的光亮度有关；对于物体色，此值和物体的透射比或反射比有关。明度 V 通常取值范围为 0%(黑)到 100%(白)。

(4) YUV 色彩空间是通过亮度-色差来描述颜色的色彩空间。

在 YUV 色彩空间里，Y 表示亮度信号，色度信号由两个互相独立的信号组成，两种色度信号经常被称作 U、V 或 PbPr、CbCr。在 DVD 中，色度信号被存储成 Cb 和 Cr(C 代表颜色，b 代表蓝色，r 代表红色)。

YUV 色彩空间有不同的颜色格式：

① YUV 4∶4∶4。色度信号分辨率最高的格式是 4∶4∶4，也就是说，每 4 点 Y 采样，就有相对应的 4 点 Cb 和 4 点 Cr，其采样原理如图 1.20 所示。这种格式主要应用在视频处理设备内部，可避免画面质量在处理过程中被降低。当图像被存储到磁带(Master Tape)，比如 D1 或者 D5(数字分量记录方式)的时候，颜色信号通常被削减为 4∶2∶2。

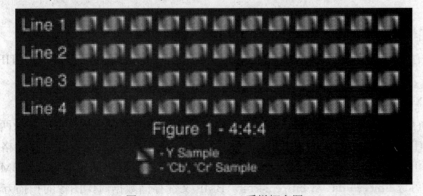

图 1.20　YUV 4∶4∶4 采样概念图

② YUV 4∶2∶2。它是指每 4 点 Y 采样，就有 2 点 Cb 和 2 点 Cr，其采样原理如图 1.21 所示。在这里，每个像素都有与之对应的亮度采样，同时一半的色度采样被丢弃，我们看到，色度采样信号每隔一个采样点才有一个。就像上面提到的那样，人眼对色度的敏感程度不如亮度，大多数人并不能分辨出 4∶2∶2 和 4∶4∶4 颜色构成的画面之间的不同。

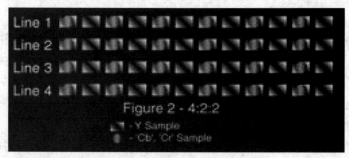

图 1.21　YUV 4:2:2 采样概念图

③ YUV 4∶2∶0。概念上，4∶2∶0 颜色格式非交错画面中亮度、色度采样信号的排列情况同 4∶2∶2 格式一样，每条扫描线中，只有一半的色度采样信息。YUV 4∶2∶0 是所有采样方式中颜色分辨率最低的一种，其采样原理如图 1.22 所示。

需要注意的是，在 4∶2∶0 颜色格式中，色度采样被放在了两条扫描线中间，这是因为 DVD 盘上的颜色采样是由其上下两条扫描线的颜色信息"平均"而来的。图 1.22 中，第一行颜色采样(Line 1 和 Line 2 中间夹着的那行)是由 Line 1 和 Line 2 "平均"得到的，第二行颜色采样(Line 3 和 Line 4 中间夹着的那行)也是同样的道理，是由 Line 3 和 Line 4 "平均"得到的。

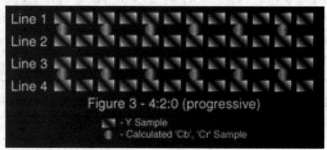

图 1.22　非交错的 YUV 4:2:0 概念图

3. 图像存储格式

图像存储格式即图像文件存放在计算机上的格式，通常有 BMP、JPEG、TIFF、GIF、PNG 等。

1) BMP 格式

BMP(全称 Bitmap)是 Windows 操作系统中的标准图像文件格式，可以分为两类：设备相关位图(DDB)和设备无关位图(DIB)，使用范围非常广泛。它采用位映射存储格式，除了图像深度可选以外，不经过任何压缩，因此，BMP 文件所占用的空间很大。BMP 文件的图像深度可选 1 bit、4 bit、8 bit 及 24 bit。BMP 文件存储数据时，图像的扫描方式是按从左到右、从下到上的顺序扫描的。由于 BMP 文件格式是 Windows 环境中交换与图有关的数据的一种标准，因此在 Windows 环境中运行的图形图像软件都支持 BMP 图像格式。

2) JPEG 格式

JPEG 是常见的一种图像格式，它由联合照片专家组(Joint Photographic Experts Group)开发并命名为"ISO 10918-1"，JPEG 仅仅是一种俗称而已。文件后缀名为".jpg"或".jpeg"，是最常用的图像文件格式，能够将图像压缩在很小的储存空间，图像中重复或不重要的资料会被丢弃，因此容易造成图像数据的损伤。尤其是使用过高的压缩比例，将使最终解压缩后恢复的图像质量明显降低，如果追求高品质图像，不宜采用过高压缩比例。

JPEG 格式是目前网络上最流行的图像格式，可以把文件压缩到最小的格式；同时 JPEG 还是一种很灵活的格式，具有调节图像质量的功能，允许用户使用不同的压缩比例对这种文件进行压缩。在 Photoshop 软件中以 JPEG 格式储存图像时，提供 11 级压缩级别，以 0～10 级表示。其中 0 级压缩比最高，图像品质最差。即使采用细节几乎无损的 10 级质量保存时，压缩比也可达 5∶1。以 BMP 格式保存时得到 4.28 MB 文件的图像，在采用 JPG 格式保存时，其文件仅为 178 KB，压缩比达到 24∶1。经过多次试验比较，第 8 级压缩为存储空间与图像质量兼得的最佳比例。

3) TIFF 格式

标签图像文件格式(Tagged Image File Format)简写为 TIFF，是一种主要用来存储包括照片和艺术图在内的图像的文件格式。

TIFF 最初是 20 世纪 80 年代中期桌面扫描仪厂商达成的一个公用统一的扫描图像文件格式，避免了每个厂商使用自己专有的格式。在刚开始的时候，TIFF 只是一个二值图像格式，因为当时的桌面扫描仪只能处理这种格式，随着扫描仪的功能越来越强大，计算机的磁盘空间越来越大，TIFF 逐渐支持灰阶图像和彩色图像，并与 JPEG、PNG 一起成为流行的高位彩色图像格式。

4) GIF 格式

GIF(图形交换格式)图像是基于颜色列表的(存储的数据是该点的颜色对应于颜色列表的索引值)，最多只支持 8 位二进制数(256 色)。

GIF 分为静态 GIF 和动画 GIF 两种，扩展名为 .gif，是一种压缩位图格式，支持透明背景图像，适用于多种操作系统，"体型"很小，网上很多小动画都是 GIF 格式。其实 GIF 是将多幅图像保存为一个图像文件，从而形成动画的。和 JPEG 格式一样，GIF 格式是一种在网络上非常流行的图形文件格式。所以一般在网页中看到的动态图片一般都是 GIF 格式的。

5) PNG 格式

PNG(图像文件存储格式)的设计目的是试图替代 GIF 和 TIFF 文件格式，同时增加一些 GIF 文件格式所不具备的特性。PNG 的名称来源于"可移植网络图形格式(Portable Network Graphic Format，PNG)"，也有一个非官方解释"PNG's Not GIF"，它是一种位图文件(bitmap file)存储格式，读作"ping"。PNG 用来存储灰度图像时，灰度图像的深度可多到 16 位，存储彩色图像时，彩色图像的深度可多到 48 位，并且还可存储多到 16 位的 α 通道数据，且压缩比高，生成文件体积小。

习　题　一

1. 填空题

(1) 摄影作品是通过不同元素的合理布局及用光产生的，这几种元素分别是_____、

_____、_____和背景等。

(2) 图像数字化过程主要分为_____、_____、_____三个步骤。

(3) 颜色具有三个特征参数，分别是_____、_____和_____。

(4) RGB 色彩空间中 R、G、B 分别代表的颜色是_____、_____、_____。

2. 简答题

(1) 图像的获取方式有哪些？

(2) 什么是 RGB 色彩空间模型？

(3) 什么是多媒体技术？

(4) 多媒体的主要特点是什么？

项目二　利用 Photoshop CS4 处理静态图像

任务 1　Photoshop CS4 基本操作

学习目标

※ 熟悉 Photoshop CS4 的工作界面。

※ 掌握图像文件管理的方法。

※ 了解自定义工作界面的过程。

具体任务

1. Photoshop CS4 基本工作界面
2. 实例——图像文件管理
3. 实例——移动工具的应用
4. 实例——自定义工作界面

任务详解

1. Photoshop CS4 基本工作界面

首次打开 Photoshop CS4 程序，即可显示默认的基本工作界面，如图 2.1 所示。该工作界面主要包括辅助工具栏、菜单栏、选项栏、项目文档窗口、工具面板、编辑窗口、折叠为图标按钮、垂直放置的面板组及状态栏等。下面分别介绍基本工作界面中的主要部分。

图 2.1　Photoshop CS4 基本工作界面

1　Photoshop CS4
基本工作界面

1）辅助工具栏

"辅助工具栏"将一些较为常用的功能以按钮的形式组织在一起，在很大程度上方便了用户进行图像编辑与设计，如图 2.2 所示。

图 2.2　辅助工具栏

下面分别介绍辅助工具栏中各按钮的作用。

• 程序 LOGO 按钮 **Ps**：单击该按钮可以打开快捷菜单，用以调整程序窗口的大小、位置及关闭文档。

• Bridge 按钮 **Br**：单击此按钮即可打开 Adobe Bridge 窗口，实现快速预览和组织文件的功能，还可用以显示图形、图像的附加信息、排列顺序等属性。

• 查看额外内容按钮 ：单击此按钮展开下拉列表，用以显示或隐藏参考线、网格和标尺等辅助内容。

• 缩放按钮 66.7 ：单击此按钮展开下拉列表，即可选择合适的预设显示比例；也可以直接在文本框中输入显示比例，然后按下键盘上的"Enter"键确认即可。

• 排列文档按钮 ：当需要在 Photoshop CS4 中同时打开多个文档时，可通过单击此按钮展开下拉列表，从中选择一种合适的文档排列方式。另外，还可以根据文档的像素、屏幕的大小等条件来显示文档。

• 屏幕显示按钮 ：单击此按钮展开下拉列表，从中可以选择屏幕显示模式。

2）菜单栏

"菜单栏"包含图像处理的大部分操作命令，主要由"文件"、"编辑"、"图像"、"图层"、"选择"、"滤镜"、"分析"、"3D"、"视图"、"窗口"、"帮助"11 个菜单项组成，单击任意一个菜单项，即可展开级联菜单，若菜单栏中某项为灰色，则表示该命令在当前状态下不可用，如图 2.3 所示。

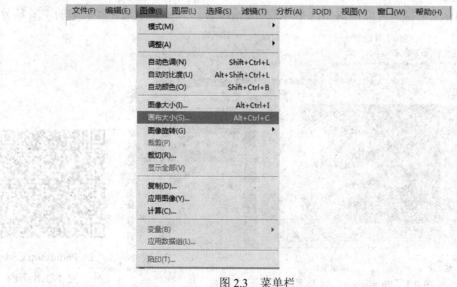

图 2.3　菜单栏

下面分别对各个菜单项的主要功能进行简单介绍。

• "文件"菜单：包含对文件进行基本操作的命令，如新建、打开、存储、存储为…、置入…、导入、导出以及文件页面和打印页面设置等。

• "编辑"菜单：包含对文件进行编辑和软件配置的命令，如还原、剪切、拷贝、粘贴、查找和替换等标准编辑命令，另外也可以设置颜色、调整键盘快捷键和自定义首选项等。

• "图像"菜单：包含对图像进行各种相关操作的命令，如更改图像显示模式、调整图像颜色、调整图像大小、更改画布大小、图像裁剪和旋转等命令。

• "图层"菜单：包含对图层进行各种相关操作的命令，如图层的新建、复制、图层样式的修改、显示与隐藏、对齐与合并图层以及图层属性调整的命令。

• "选择"菜单：包含对图像的选择及编辑等相关命令，如图层选区的选择与取消、选区变换、选区修改及载入等命令。

• "滤镜"菜单：包含对图像进行各种特效处理的命令，如对图像进行风格化、描边、模糊、扭曲、锐化、纹理、像素化及渲染等处理的命令。

• "分析"菜单：主要含有对图像分析和编辑的强大工具，如标尺工具、计数工具等。

• "窗口"菜单：包含对软件操作界面中各种面板窗口的显示与否、打开动画窗口制作动画、自定义工作区和工作区复原等命令。

3) 选项栏

选项栏位于菜单栏的正下方，在工具箱中选择不同的工具时，选项栏会显示与该工具对应的选项，选择的工具不同，选项栏也会不同，以便用户利用选项栏对当前使用工具的属性进行相关设置。选项栏如图 2.4 所示。

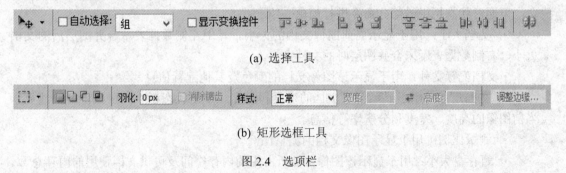

(a) 选择工具

(b) 矩形选框工具

图 2.4　选项栏

4) 工具面板

默认情况下，工具面板位于编辑窗口的最左侧，它是用户进行图像编辑与设计时最常用到的一个面板，可以说是进行图像编辑所需工具的聚集地，如图 2.5 所示。另外，在某些右下角带小三角形图案的工具按钮中还隐藏着与之功能相类似的工具按钮，使用时用户只需在该按钮上单击并长按左键片刻或点击鼠标右键，即可将隐藏的工具按钮显示出来。

图 2.5　工具面板

5) 状态栏

状态栏位于编辑窗口的左下方，用于显示当前的工作信息。状态栏由三部分组成，最左侧的文本框用于调整图像的显示比例，中间区域用于显示当前图像的信息，而单击右侧的黑色小三角可弹出文件信息，以便用户进行选择。

下面对状态栏中的部分命令进行简单介绍。

· 文档大小：用于显示当前图像文档的大小。其中左侧数据表示合并图层后的文档大小，右侧数据表示未合并图层时的文档大小。

· 文档配置文件：用于显示该图像文档的颜色及其他配置信息。

· 文档尺寸：用于显示图像文档的宽度和高度。单击状态栏中间区域，可快速显示当前图像的高度、宽度和分辨率等信息。

· 测量比例：用于显示图像文档的测量比例。

· 暂存盘大小：用于显示该图像文档所占用的内存空间及可供文档使用的内存总数。

· 计时：用于显示上一次操作所用的时间。

· 32 位曝光：在 32 位曝光模式下进行工作。

2. 实例——图像文件管理

图像文件的管理是 Photoshop CS4 创作的基础，主要操作有新建文件、打开已有文件、保存文件、导入导出文件、设置背景颜色及改变图像文件所占空间等操作。

1) 新建图像文件

要求：新建名称为"新建文件 1"，预设为"自定"，图像宽度和高度设置为"800 × 600"

像素，颜色模式为"RGB 颜色"，背景内容为"白色"的文件，并将"新建文件 1"保存为"新建文件 1.jpg"的图像文件。

(1) 打开 Photoshop CS4 的应用程序。

(2) 单击"文件"菜单，在级联菜单中选择"新建…"命令，即可弹出新建图像文件引导框，将其中的参数设置为如图 2.6 所示。

图 2.6 新建文件

(3) 单击"确定"，即可打开 Photoshop CS4 默认编辑窗口。

(4) 单击"文件"菜单，选择"置入…"命令，将准备好的素材置入。

注意：素材置入后需先调整素材的大小，然后按"Enter"键确认。

(5) 单击"文件"菜单，选择"存储"命令，即可弹出存储对话框，将参数设置为如图 2.7 所示。

图 2.7 存储文件

注意：在设置参数时，一定要根据文件用途选择合适的存储格式，如本例中要求文件保存后其后缀名为".jpg"，"格式"这一栏就必须选择"JPEG"。

2）改变图像所占空间

在图像编辑过程中，图像所占的空间会直接影响到图像编辑的速度和质量，因此设置合适的图像文件大小对于做出符合要求的图像非常重要。下面介绍利用不同菜单命令设置和改变图像所占空间的大小的方法。

方法一：通过改变图像的尺寸和分辨率来调整图像的大小。分辨率是指单位长度内所含像素的个数。分辨率的大小直接影响图像的大小，在设置时需要综合考虑输出文件的用途和计算机显卡的分辨率。操作时，执行菜单命令"图像"→"图像大小…"，系统将打开如图 2.8 所示的"图像大小"对话框，在对话框中可根据相关要求设置图像大小和分辨率。

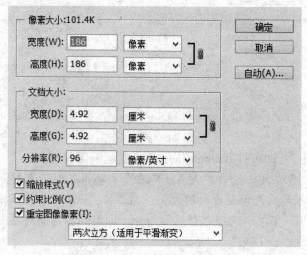

图 2.8　"图像大小"对话框

方法二：改变画布的大小。如果用户不改变图像的尺寸，而是要裁剪或显示图像空白区域时，可执行"图像"→"画布大小…"，系统将打开如图 2.9 所示的"画布大小"对话框，在对话框中进行设置即可。

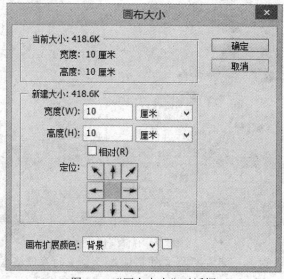

图 2.9　"画布大小"对话框

3. 实例——移动工具的应用

移动工具的应用主要包括两方面的内容：一是图像整体移动；二是选区的移动。下面针对这两种情况分别进行说明。

(1) 要移动图像的位置，可以按照以下步骤进行。

① 执行菜单命令"文件"→"打开"，在"打开"对话框中，选择"奥运五环.psd"，单击"打开"按钮，导入该图像，其效果如图 2.10 所示。

2　奥运五环

图 2.10　奥运五环

② 在"图层"面板中单击"奥运五环"的图层，将其设置为当前层，如图 2.11 所示。

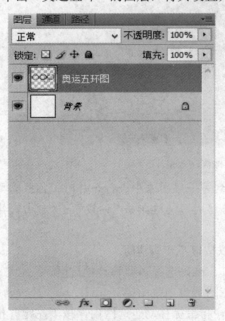

图 2.11　当前图层设置

③ 选择移动工具，将光标移到图像编辑窗口，单击并拖动鼠标即可移动图像。

同时，还可以将一个图层中的图像移到另一幅图像中。

④ 执行菜单命令"文件"→"打开"，在"打开"对话框中，选择"奥运五环.psd"，单击"打开"按钮，导入该图像。

⑤ 在"图层"面板中单击"奥运五环"的图层，将其设置为当前层。

⑥ 执行菜单命令"文件"→"打开"，在"打开"对话框中，选择"小车.bmp"，单击"打开"按钮，导入该图像，如图 2.12 所示。

3　小车

图 2.12　小车

⑦ 在辅助工具栏中单击"排列文档"后的下拉三角形，然后选择"全部按网格拼贴"按钮，这样所有文档将会平铺显示。

⑧ 鼠标移动至"奥运五环"图层，按下左键不放并将鼠标移动至"小车"图层，然后松开鼠标即可得到图 2.13 所示效果。

4　合成效果

图 2.13　图像移动效果

注意：一幅图像移动到另一幅图像中进行合并时，往往需要对被移动对象的位置、大小、角度等参数进行修改，这时可通过单击"编辑"→"自由变换"来调整，然后按"Enter"键确认。

(2) 选区的移动则可以按以下步骤进行。

① 选择一种选框工具，准确选择需要移动的选区。

② 设定移动选区所在图层为当前图层。

③ 选择"移动工具"，将鼠标移动至选区内，按下左键并拖动选区即可。

问题：(1) 选区所在图层如果不是当前图层，移动结果会如何？

　　　　(2) 利用"移动工具"移动时，如果鼠标不在选区内，效果又如何？

4．实例——自定义工作界面

为方便不同用户的使用，Photoshop CS4 除了基本功能(默认)工作区外，还提供了"高级 3D"、"分析"、"自动"、"绘画"、"校样"、"排版"等工作区。每种工作区模式都是针对不同用户量身定做的工作环境，如"绘画"工作区模式为插画设计师所钟爱，不同领域的用户可以根据自己的需求和目的选择适合自己的工作区，以便提高工作效率。

1) 切换工作区

切换工作区的方法非常简单，下面介绍从基本功能(默认)工作区切换至绘画工作区的方法。

(1) 在菜单栏中单击"窗口"菜单，在级联菜单中选择"工作区"→"绘画"命令，如图 2.14 所示。

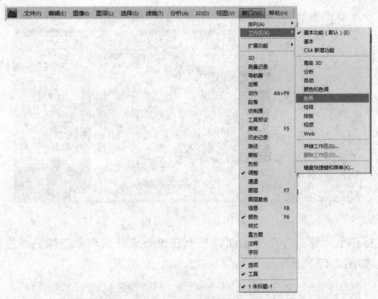

图 2.14　选择要切换的工作区

(2) 接着，默认工作区即可变成绘画工作区，如图 2.15 所示。

图 2.15　绘画工作区

如果在系统内置的工作区中没有符合自己工作需求的模式，用户也可以通过自定义工作区的方式来重新排列工作区。

2) 自定义工作区

自定义工作区是指通过拖动面板整合面板组，并结合"编辑"→"首选项"→"常规"等选项进行自定义编排的操作，下面以"信息面板"为例介绍自定义工作区的方法。

(1) 在菜单栏中单击"窗口"菜单，接着在级联菜单中选择"信息"或按快捷键 F8，即可打开信息面板，如图 2.16 所示。

图 2.16 信息面板

(2) 将鼠标移至"信息"二字上面，按下左键不放并拖动至"颜色、色板、样式"组合面板右侧，如图 2.17 所示。

图 2.17 整合面板

(3) 移动后效果如图 2.18 所示。

图 2.18 移动信息面板位置

问题：(1) 面板位置改变后是否还能还原成原来的默认工作界面？

答：单击"窗口"，选择"工作区"→"基本功能(默认)"即可。

(2) 某些面板由于误操作被关掉，如何重新打开？

答：单击"窗口"，找到被关掉面板的名称单击即可。

任务2 选区的应用

学习目标

※ 了解各种选框工具对应参数的意义。

※ 熟练掌握各种选框工具的应用方法。

※ 熟悉选框工具其他常见应用情况。

具体任务

1. 选区的基本知识

2. 实例——利用矩形选框工具及橡皮擦工具去除规则区域

3. 实例——利用快速魔棒工具选取颜色相近区域

4. 选区的编辑

任务详解

1. 选区的基本知识

Photoshop 由三个重要部分组成：选区、图层和路径，可以说它们是 Photoshop 的精髓所在。

如果要在 Photoshop 中处理图像的局部效果，就需要为图像指定一个有效的编辑区域，这个区域就是选区。

选区，是一个封闭的区域，可以是任何形状，规则的或不规则的，但一定是封闭的，没有开放的选区。选区一旦建立，大部分操作只对当前选区内的内容有效而未选定区域不被改动。因此，如何利用工具箱中的各种工具实现快速精确的选区，就成为图像编辑设计的基础。在 Photoshop CS4 中，选区工具有 8 个，它们集中在工具箱的上部，分别是矩形选框工具、椭圆选框工具、单行选框工具、单列选框工具、套索工具、多边形套索工具、磁性套索工具和魔棒工具。在不同的场景中，需要选择不同的选框工具来选区，下面分别介绍这些选框工具。

(1) 利用矩形选框工具和椭圆选框工具可以在图像上选择矩形和椭圆形等规则区域。在利用这两种工具进行选区时，还可以同时按下"Shift"键形成正方形和圆形选区。

新选区：用于创建单个选区，当再次选择一个选区时，之前选中的选区会消失。

添加到选区：用于创建多个选区，当再次选择一个选区时，之前选中的所有选区仍然存在。

从选区减去：从已有选区中减去新建选区与已有选区重叠部分。

与选区交叉：保留已有选区与新建选区的重叠部分。

(2) 利用单行工具和单列工具可以在图像上选取出一个像素宽的横线或竖线，同时按下"Shift"键在图中连续单击，可形成多个单行或单列选区。

(3) 套索工具：套索工具可以定义任意形状的选区。操作时需一直按下鼠标左键并拖动以形成选区，鼠标按下点即为封闭区域的起始点，鼠标松开点即是选区终点，系统会将起始点和终点自动连接起来形成一个封闭的自由选区。

(4) 多边形套索工具：多边形套索工具比较适合选择三角形及多边形等形状的选区。操作时，首次单击鼠标左键形成封闭区域的起始点，以后每次单击鼠标时建立的点会与上一次单击鼠标时的点以直线形式连接起来，当鼠标再次移动到起始点时单击鼠标就会形成不规则的多边形。

(5) 磁性套索工具：磁性套索工具可以用来选择图像与背景反差较大的不规则区域。操作时需先单击鼠标左键形成一个起始点，然后松开并移动鼠标，在选区终点处双击左键即可形成对应选区。在使用磁性套索工具时有以下三个常用的参数。

① 宽度：数值框中可输入 1～256 之间的数值，对于某一给定的数值，磁性套索工具将以当前用户鼠标所处的点为中心，以此数值为宽度范围，在此范围内寻找对比强烈的边界点作为选界点。

② 频率：频率决定磁性套索工具在定义选区边界时插入的定位锚点的多少，它的数值在 0～100 之间，数值越高则插入的定位锚点越多，反之定位锚点越少。

③ 对比度：它控制了磁性套索工具选取图像时边缘的反差。可以输入 0～100% 之间的数值，输入的数值越高则磁性套索工具对图像边缘的灵敏度越大，选取的范围也就越准确。

(6) 魔棒工具：魔棒工具是一种比较快捷的图像选框工具，主要用于分界线比较明显的图像，通过魔棒工具可以快速地将图像中颜色相同及相近的区域选出。在使用魔棒工具时有以下三个常用的选项。

容差：指所选取图像的颜色接近度，也就是说容差越大，图像颜色的接近度也就越小，选择的区域也就相对变大了。

连续：指选择图像颜色的时候只能选择一个区域当中的颜色，不能跨区域选择。比如一个图像中有几个相同颜色的圆，它们都不相交，如果选择了连续，在一个圆中选择时只能选择到一个圆，如果没点连续，那么整张图片中相同颜色的圆都能被选中。

用于所有图层：选中了这个选项，整个图层当中相同颜色的区域都会被选中，如果未选择这个选项就只会选中单个图层的颜色。

2. 实例——利用矩形选框工具及橡皮擦工具去除规则区域

要求利用矩形选框工具及橡皮擦工具，将图像处理为前后对比效果如图 2.19 所示的那样。

(1) 打开 Photoshop CS4 的默认工作界面，选择"窗口"→"工作区"，鼠标停留在"绘画"上，利用键盘上的"Print Screen Sys Rq"键复制屏幕，获取并保存所需素材如图 2.19(a)所示。

(2) 单击"文件"→"打开…"，导入图 2.19(a)所示素材，调整缩放级别为 100%。

(3) 单击矩形选框工具 ，在选项栏中选择"新选区"(默认选择的就是该项)。

(4) 在图像编辑窗口中按下鼠标左键并拖动，将需要去除的区域框住。

(5) 选择"橡皮擦工具"，在选项栏中单击"画笔"后下拉小三角形，将"主直径"参数修改为 100 px。

(6) 将鼠标移至图中被框选区域，按下左键不放并移动鼠标即可将选中区域擦除掉。

(7) 重复第(3)至第(6)步，擦除掉其他不需要的区域。

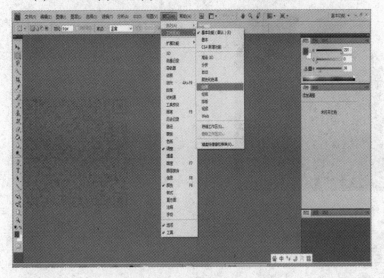

(a) 处理前

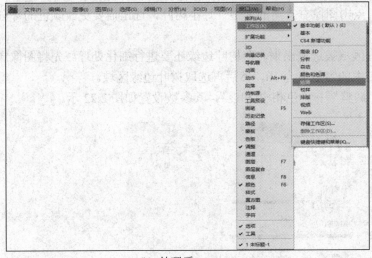

(b) 处理后

5　图 2.19(a)素材处理前

图 2.19　矩形选框工具及橡皮擦工具应用前后对比图

注意：使用矩形选框工具结合"新选区"选项时，在一幅图像中无法同时选择多个选区，因此在上例中需要多次重复从选区到橡皮擦擦除这一过程。

问题：本例中能否将需要去除的区域先全部选出，然后再一次擦除？

答：可以。选择矩形选框工具，然后在选项栏中选择"添加到选区"即可先选出全部需要擦除的区域。

3. 实例——利用魔棒工具选取颜色相近区域

(1) 导入素材，如图 2.20 所示。

(2) 单击工具箱中"魔棒工具 ✨"，选择工具选项栏中的"添加到选区"按钮，设置容差值为 30，其按钮选择与参数设置如图 2.21 所示。

图 2.20　绿叶

6　绿叶

图 2.21　魔棒工具参数设置

(3) 利用"魔棒工具"点击图像右上角的其中一片小树叶，选出需要更改颜色的部分区域。

(4) 经过第(3)步，部分区域被选取出来，但树叶边缘还要进行细化处理。先将图像放大到 300%，并更改图 2.21 中的容差值为 10，然后再选取树叶边缘区域。

(5) 选择"图像"→"调整"→"色相/饱和度"，其参数设置如图 2.22 示。

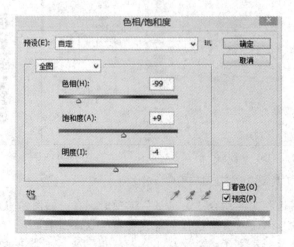

图 2.22　色相、饱和度

(6) 利用"魔棒工具"，参数设置如图 2.21 所示，选出小树叶上边四片相连的树叶。

(7) 设置色阶值，参数如图 2.23 所示，调整选区颜色层次感。

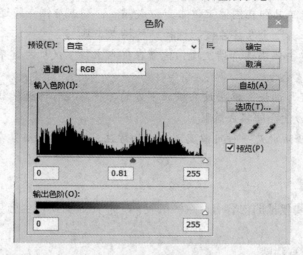

图 2.23 色阶设置

(8) 设置色相、饱和度，参数如图 2.24 所示，单击确定即可得到图 2.25 所示效果。

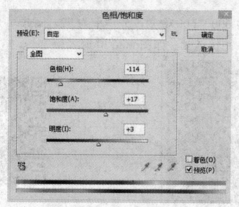

图 2.24 色相、饱和度图

图 2.25 色彩调整效果图

7 色彩调整效果

问题： 除了用选框工具进行选区，还有没有其他的工具可实现选区？

答： 有，如钢笔工具。钢笔工具是一个矢量工具，它可以绘制出光滑的曲线路径。如果图像的边缘比较光滑且形状不是很规则，就可以使用它来勾选出图像的轮廓，然后将轮廓转换为选区即可。具体操作步骤如下：

(1) 选择"钢笔工具"在图像上单击，形成锚点，锚点与锚点间连成路径。

(2) 在"钢笔工具"上长按左键，选择"转换点工具"。

(3) 在路径上单击使锚点清晰呈现，接着在锚点上按下鼠标左键不放并拖动，改变路径的弧度使之与物体吻合。

(4) 打开"路径"面板，单击该面板正下方的"将路径作为选区载入"按钮。这样，对应路径包含的区域便会转换成选区。

此外，通道选择法也是一种可以实现选区的方法，常用于形成复杂选区，具体将在通道的应用中介绍。

4. 选区的编辑

选区的编辑主要包括的内容有：选区的复制、粘贴、变换、全选与反选、储存与载入选区等。

1) 选区的复制与粘贴

如果需要对选区中的内容进行复制和粘贴，可通过菜单命令"编辑"→"拷贝"和"编辑"→"粘贴"来实现。

(1) 新建文件，设置尺寸为 600×600 像素，分辨率为 72，背景填充为白色。

(2) 置入素材"牵牛花"并制作选区，如图 2.26 所示。

图 2.26　牵牛花

8　牵牛花

(3) 执行菜单命令"编辑"→"拷贝"，将选区内的图像复制到剪贴板。

(4) 打开图像"虎耳草"，执行菜单命令"编辑"→"粘贴"，将剪贴板上的图像"牵牛花"粘贴到图像"虎耳草"中，如图 2.27 所示。

图 2.27　虎耳草

9　虎耳草

2) 变换选区

变换选区命令除了可以通过鼠标拖动自动缩放选区，还可以对选区进行旋转、斜切、扭曲、透视、变形，甚至是自由变形等操作，非常实用，下面以实例进行说明。

(1) 打开素材"书本"，如图 2.28 所示。

10 合成效果

图 2.28 书本

11 书本

(2) 创建选区，如图 2.29 所示。

图 2.29 书本选区

(3) 选择"编辑"→"变换"→"变形"命令，这样在选区周围就会出现一个九宫格，在九宫格线与线的交叉点即形成一些控制点，通过用鼠标拖动这些控制点便可改变物体的形状，其效果如图 2.30 所示。

12 选区变换后效果

图 2.30 选区变换后效果

3) 全选与反选选区

执行 "选择"→"全部"菜单命令或按"Ctrl＋A"组合键，即可选择当前文档边界内的全部图像。

选区创建后，执行"选择"→"反向"菜单命令，可选出图像中原先未被选择的部分。

4）储存与载入选区

选区创建后，如图 2.31 所示，执行"选择"→"存储选区"菜单命令，或在"通道"面板中单击"将选区存储为通道"按钮，即可将该选区存储为 Alpha 通道蒙版，如图 2.32 所示。

图 2.31　杯子

13　杯子

将选区存储起来后，可通过执行 "选择"→"载入选区"菜单命令重新载入该选区。

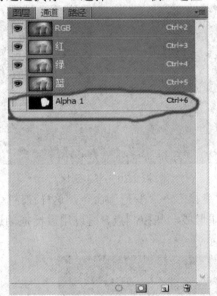

图 2.32　选区存储为通道

任务 3　图　层　的　应　用

学习目标

※　了解图层的概念和功能。

※　掌握创建图层和管理图层的方法。

※　熟练掌握图层样式的设置与应用。

※　掌握智能图层的应用。

具体任务

1. 图层的基本知识
2. 图层的基本操作
3. 实例——图像色彩调整
4. 实例——创建特效文字效果
5. 实例——倾斜照片调整

任务详解

1. 图层的基本知识

图层是 Photoshop 中处理图像的关键，是实现图像编辑与合成的基础，在执行所有的操作时都离不开它。一个图层可以容纳一个或多个设计元素，系统又通过图层面板和图层菜单来实现对多个图层的管理，图层中可以加入文本、图片、表格、插件，也可以在里面再嵌套图层。因此，灵活运用图层可制作出意想不到的效果。

1) 什么是图层

一幅完整的图像通常是由多个局部场景组成。在现实生活中，图像的组成元素绘制于一张纸上，而在 Photoshop 中，可以看做是用户将这些元素分别绘制在不同的玻璃纸上，透过上面的玻璃纸可以看见下面纸上的内容，但是无论在上一层上如何涂画都不会影响到下面的玻璃纸，上面一层会遮挡住下面的图像。最后将玻璃纸按一定的顺序叠加起来，通过移动各层玻璃纸的相对位置或者添加更多的玻璃纸来改变最后的合成效果，而每一张透明的玻璃纸就是一个图层，如图 2.33 所示。

14　图层结构素材

图 2.33　图层结构

2) 图层面板的组成

图层面板是 Photoshop 中非常重要的面板之一，主要用于设置和显示当前文档所有图层的状态，通过它可以对图像中的单独区域分离并加以编辑美化处理，从而加强图像的视觉效果。当打开不同格式的图像文件时，图层面板中会显示出多种不同形式的图层。图层面板中有背景图层、普通图层、智能图层、缩略图层、文字图层、图层样式和图层蒙版，图层面板的组成显示如图 2.34 所示。

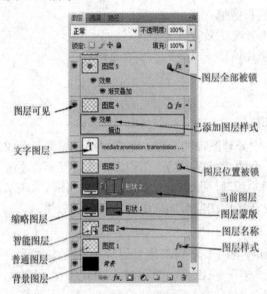

图 2.34　图层面板

(1) 背景图层：背景图层相当于画布，在菜单栏的"图像"→"画布大小"中调节画布大小，可只改变背景图层的尺寸大小，而其他图层内容尺寸不变；如在菜单栏的"图像"→"图像大小"中调节图像大小，所有图层的尺寸都会发生变化。

(2) 智能图层：智能图层是对其放大缩小之后，图层的分辨率也不会发生变化的图层，且一个智能图层上发生了变化，对应"智能图层图层副本"也会发生相应的变化，如果想取消智能图层，和创建时的方法类似：右击"图层"→"栅格化图层"即可。而普通图层缩小之后，再去放大变换，就会发生分辨率的变化。

(3) 形状图层：形状图层是一种特殊的图层，它上面的图像以矢量形式存在，可以无限放大而不失真，边缘依旧光滑。形状图层包含定义形状颜色的填充图层以及定义形状轮廓的矢量蒙版。当然，形状图层不能栅格化，一旦栅格化，就会变成普通图层。

(4) 调整图层：调整图层是将"色阶"、"曲线"、"色彩平衡"等命令制作的效果存放在一个独立的图层中，并使其下方所有的图层都能应用到效果的调整方式。这种方式不但可以同时作用于多个图层，而且还不会改变各个图层中图像原有的状态，当不需要某种效果的时候，只要删除该调整图层即可，大大地提高了处理图像时的灵活性。

(5) 文字图层：文字图层即文字对象所在的图层。当使用文字工具创建文本时，就会在图层面板中自动生成文字图层。文字图层的基本操作包括：文字的处理和文字图层的转换。

文字的处理：创建文字图层后，可以编辑文字并对其应用图层命令。可以更改文字方向、应用消除锯齿、在点文字与段落文字之间转换、基于文字创建工作路径或将文字转换为形状，如图 2.35 所示。也可以像处理正常图层那样，移动、叠放、拷贝和更改文字图层的图层选项。

文字图层的转换：当文字输入后，执行菜单命令"图层"→"文字"，会弹出一个下拉菜单，可以对文字图层进行一定的修改和转换。

图 2.35　鱼形文字

2. 图层的基本操作

在实际应用过程中，需要对图层进行创建、删除、移动、复制、链接等一系列的操作，这些操作可以通过图层控制面板来实现，也可以使用图层菜单中的命令来完成。

1) 移动图层

移动图层实际上就是改变图层原有的排列顺序。在图层面板中通过鼠标的拖曳便可以移动图层。

2) 复制图层

在实际的制作过程中经常会出现一个图层多次使用的现象。为了减少不必要的操作，提高效率，就需要对已经存在的图层进行复制操作。具体操作方法就是：在图层面板中用鼠标左键单击需要复制的图层，使该图层处于被选中状态，然后单击鼠标右键，在弹出的子菜单中选择"复制"即可。

3) 显示和隐藏图层

当一幅图像包含多个图层时，为了方便操作，通常会将一些不经常使用的图层隐藏起来。隐藏图层的方法十分简单，直接在图层面板上点击"眼睛"图标即可。如果想要将已经隐藏了的图层显示出来，只需要在"眼睛"图标上再次单击就可显示图层，如图 2.36 所示。

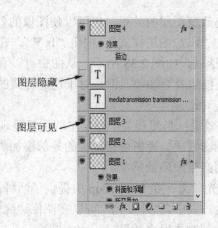

图 2.36　图层显示与隐藏

4) 图层链接

图层链接就是将一些相关的图层连到一起，从而将某些操作应用于具有链接关系的图层。具体操作方法是：打开具有多个图层的素材，之后按住"Ctrl"键的同时在图层面板中单击需要链接的图层，再在选中图层上单击鼠标右键，在弹出的菜单中选择"链接图层"命令。图层被链接后，在图层右侧将出现一个链接图标，表示该层为链接层，由链接层组成链接组，从而实现对各图层的同步编辑，如使用"移动工具"拖动链接组中的任意一个图层，整个链接组都会作相同的移动。

如果要对链接组中的单个图层进行独立编辑，需先取消链接使图层恢复链接前的属性。具体操作方法是：在被链接的任意图层上，单击鼠标右键，然后在弹出的菜单中选择"选择链接图层"，再次单击鼠标右键，选择"取消图层链接"命令即可。

5) 图层合并

图层的合并方式主要有：向下合并图层，合并可见图层和拼合图像三种。在图层上按鼠标右键，图层合并方式显示如图 2.37 所示。

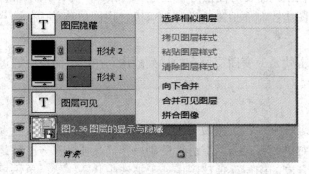

图 2.37　图层合并

(1) 向下合并表示当前图层与下方的图层合并为一个图层，并以下方图层的名称命名。

(2) 合并可见图层是将图层面板中多个可视图层进行合并。

(3) 拼合图像：当确认一幅作品已经完成，不需要其他修改时，为减少文件容量，可通过"拼合图像"命令将所有图层(包括背景层)拼合成一个单一的图层。

6) 图层样式

添加图层样式可以迅速改变图层的外观，也可以使图像的效果更加生动、逼真。

单击图层面板右下角的"添加图层样式" 按钮"fx▼"，在弹出菜单中选择"混合选项"，即可显示图层样式对话框，如图 2.38 所示。从图中可以看出，图层样式主要包括了投影、发光、斜面和浮雕、描边及叠加等，但是对于这些样式的操作并不是一次就可以完成的，需要进行多次尝试与对比。

(1) 投影效果和内阴影效果：当想要某个图层中的图像呈现出立体或透视效果时，可以为其添加投影效果或内阴影效果。投影可在图像的外部添加阴影效果，内阴影可在图像边缘的内部添加阴影，从而产生凹陷的感觉。

(2) 外发光效果和内发光效果：在 Photoshop 中提供了两种制作发光效果的图层样式，它们分别是外发光和内发光。其中，"外发光"可以在图像边缘的外部制作发光效果，"内发光"可以在图像边缘的内部制作发光效果。

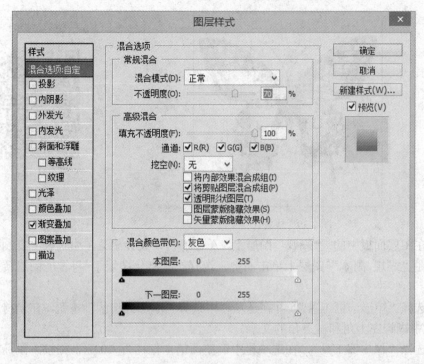

图 2.38 图层样式对话框

(3) 斜面和浮雕效果:"斜面和浮雕"图层样式效果可以使图像产生一种类似浮雕的效果。

(4) 光泽:对图层对象内部应用阴影,与对象的形状互相作用,通常创建规则波浪形状,产生光滑的磨光及金属效果。

(5) 颜色叠加:在图层对象上叠加一种颜色,即用一层纯色填充到应用样式的对象上。通过"设置叠加颜色"选项中的"选取叠加颜色"对话框选择任意颜色。

(6) 渐变叠加:在图层对象上叠加一种渐变颜色,即用一层渐变颜色填充到应用样式的对象上。通过"渐变编辑器"还可以选择使用其他的渐变颜色。

(7) 图案叠加:在图层对象上叠加图案,即用一致的重复图案填充对象。通过"图案拾色器"还可以选择其他的图案。

(8) 描边:使用颜色、渐变颜色或图案描绘当前图层上的对象、文本或形状的轮廓,对于边缘清晰的形状(如文本),这种效果非常有用。

3. 实例——图像色彩调整

本实例主要介绍选框工具、橡皮擦工具、渐变工具以及菜单命令的综合应用。

(1) 打开 Photoshop CS4 应用程序,单击"文件"→"新建…",打开新建对话框,设置名称为"图像色彩调整"、宽度和高度都为 20 厘米、分辨率为 72、颜色模式为 RGB、背景内容为白色,然后单击"确定"。

(2) 单击"文件"→"置入…", 打开置入对话框,选中需置入素材"蝴蝶.jpg",单击"置入",如图 2.39 所示。注意:素材置入后,可通过拖动鼠标来调整素材的位置、大小、倾斜角度,素材大小合适后按"Enter"键确认。

15　蝴蝶

图 2.39　蝴蝶图

(3) 在图层面板中的 "蝴蝶" 图层上，单击右键，在弹出菜单中选择 "复制图层…"。

(4) 在 "蝴蝶 副本" 图层上单击右键，选择 "栅格化图层"，将智能图层转变为普通图层。

(5) 选择 "矩形选框工具"，并在选项栏中选择 "添加到选区" 按钮，在素材上拖动鼠标分别选中蝴蝶左上角和右下角的文字。

(6) 选择 "橡皮擦工具"，在选项栏中调整画笔主直径为 50 px，并按下鼠标左键在素材上来回移动，以擦除不需要文字。注意：擦除后在图像中仍然能看到不需要的文字，这主要是受当前图层下方的 "蝴蝶" 图层影响，可在图层面板中将 "蝴蝶" 图层前方的 "指示图层可见性" 小眼睛关掉。

注意：第(6)步中也可以按键盘上的 "Backspace" 键去除不需要的文字。

(7) 在当前图层上单击右键，选择 "取消选择"。

(8) 选择 "魔棒工具"，在选项栏中选择 "添加到选区" 按钮，将 "容差" 设置为 40，将 "连续" 改为未选中状态，并将 "缩放级别" 调整 200%或更大，用鼠标在 "蝴蝶 副本" 图层上需更改颜色的地方单击，以便形成不连续选区。如果备选区域多选或少选，可通过修改容差值和利用 "从选区减去" 按钮等功能来调整选区。其选区效果如图 2.40 虚线包含部分所示。

图 2.40　选区效果图

(9) 选择菜单命令"图像"→"调整"→"色相/饱和度…",将其参数设置为如图 2.41 所示。

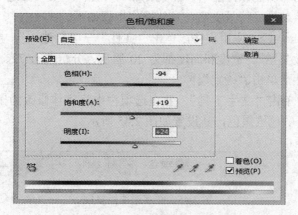

图 2.41 色相/饱和度参数值

(10) 在工具箱中选择渐变工具,同时在选项栏中选择"橙,黄,橙渐变(图 2.42 所示)"及"菱形渐变(图 2.43 所示)",将鼠标移动到蝴蝶翅膀的左下角,按下鼠标不放拖动到右上角,再从右下角拖动到左上角,其效果如图 2.44 所示。

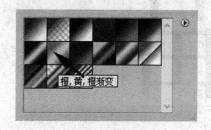

图 2.42 渐变编辑器

图 2.43 菱形渐变

图 2.44 色彩调整后效果

16 色彩调整后效果

注意:利用渐变工具调整颜色时,鼠标按下和松开时的位置不一样,都会生成不同的颜色效果。

4. 实例——创建特效文字效果

本实例要求使用"斜面和浮雕"、"图案叠加"、"光泽"及"描边"等图层样式，并定义图案，将普通文字装饰成特效文字，具体操作步骤如下。

(1) 打开 Photoshop CS4 应用程序，单击"文件"→"新建…"，打开新建对话框，设置名称为"创建特效文字"、宽度和高度都为 20 厘米、分辨率为 72、颜色模式为 RGB、背景内容为白色，然后单击"确定"。

(2) 在工具箱中单击"文字工具"，并在选项栏中将字体修改为宋体，文字大小改为 300 点，居中排列，颜色也黑色，其设置如图 2.45 所示。

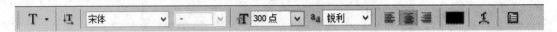

图 2.45　文字选项栏参数

(3) 输入文字"福"，如图 2.46 中(a)图所示。

(a) 原图

(b) 效果图

图 2.46　图层样式修改前后对比图

17　图层样式修改后
效果图

(4) 在图层面板中单击"添加图层样式"按钮，选择"混合选项…"，打开图层样式对话框，混合选项为默认，不做修改。

(5) 单击"投影"，将混合模式改为正片叠底，颜色设置为：R(253)、G(244)、B(0)，不透明度为 75%，使用全局光，角度为 100 度，距离 5 像素，扩展 0%，大小 5 像素，具体如图 2.47 所示。

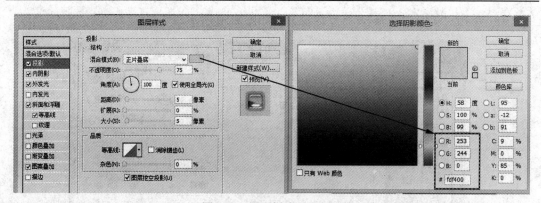

图 2.47 图层样式——投影

(6) 单击"内阴影",将参数设置为如图 2.48 所示。

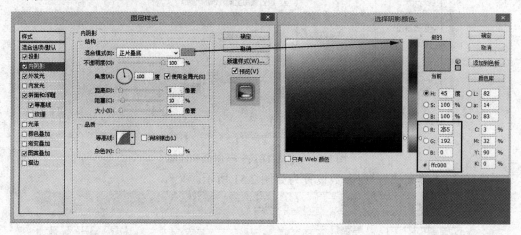

图 2.48 图层样式——内阴影

(7) 单击"外发光",在结构中将颜色修改为黄色,即 RGB(255,255,0),类型为橙黄橙,其他参数设置为如图 2.49 所示。

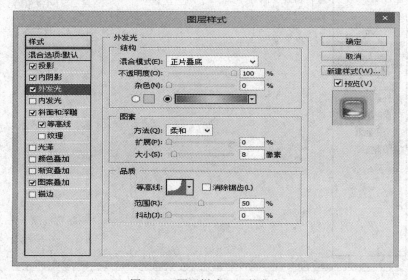

图 2.49 图层样式——外发光

(8) 单击"斜面和浮雕"，将参数设置为如图 2.50 所示。

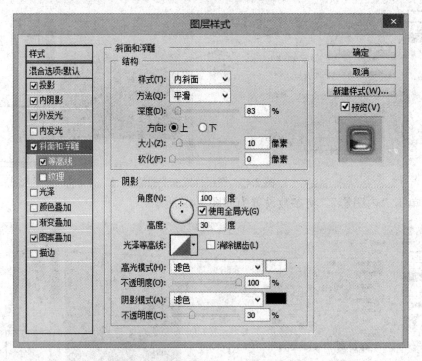

图 2.50　图层样式——斜面和浮雕

(9) 单击"等高线"，将参数设置为如图 2.51 所示。

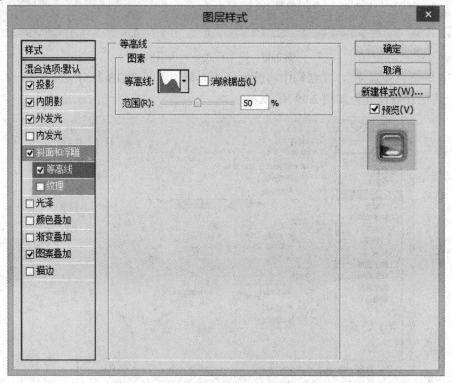

图 2.51　图层样式——斜面和浮雕之等高线

(10) 在菜单栏中，单击"文件"→"打开…"，打开素材"花"，如图 2.52。

18 花

图 2.52 花

(11) 在菜单栏中，单击"编辑"→"定义图案…"，打开图案名称对话框，名称命名为"花.jpg"，然后单击"确定"，将该素材添加到图案库中备用。

(12) 换到"福"字图层，注意文字层为当前图层，在图层面板中单击"添加图层样式"→"图案叠加…"选项，打开图层样式中的图案叠加选项，将缩放改成 1%，并在"图案"选项中单击下拉三角箭头，打开图案库，选择"花.jpg"(如图 2.53 所示)，然后单击确定即可得到图 2.46(b)中所示效果。

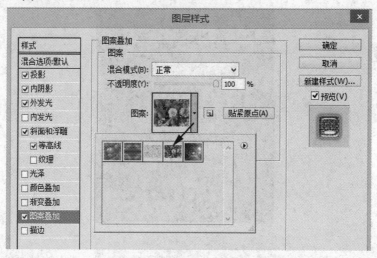

图 2.53 图层样式——图案叠加

5. 实例——倾斜照片调整

本例主要介绍标尺工具、选框工具及图像旋转工具的应用。

(1) 打开 Photoshop CS4 应用程序，单击"文件"→"新建…"，打开新建对话框，设置名称为"倾斜照片修改"、宽度和高度都为 20 厘米、分辨率为 72、颜色模式为 RGB、背景内容为白色，然后单击"确定"。

(2) 单击"文件"→"置入…"，打开置入对话框，选择需修改照片，然后单击"置入"，如图 2.54 所示。

19　斜塔

图 2.54　倾斜照片原图

(3) 在图像编辑窗口调整素材大小至合适，并按"Enter"键确认。

(4) 复制当前图层，并取名为"倾斜素材 副本"。

(5) 选择菜单"分析"→"标尺工具"，同时在图像中找出具有水平线或垂直线的标志物，如本图例中高塔的边缘、地面的柱子等。

(6) 沿高塔边缘按下鼠标左键不放并拖动鼠标，以确认倾斜角度，如图 2.55 中标尺线所示。

图 2.55　标尺线

(7) 单击菜单"图像"→"图像旋转"→"任意角度…"，调出旋转画布对话框，其中的角度不需要做任何修改，选择"度(逆时针)"，如图 2.56 所示，然后单击确定。

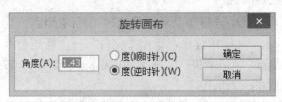

图 2.56　选择画布对话框

(8) 选择"矩形选框工具"，选取需要留下部分。

(9) 选择菜单命令"选择"→"反向"，然后在键盘上按下"Backspace"键，将其边角去掉，其最终效果如图 2.57 所示。

图 2.57　倾斜修正后效果图

20　修正后效果图

任务 4　通　道　的　使　用

学习目标

※　了解通道的概念。
※　掌握通道的基本操作方法。
※　熟练掌握通道和选区的相互转换过程。
※　掌握使用通道混合器处理图像的方法。

具体任务

1. 通道的基本知识
2. 通道的基本操作
3. 实例——制作照片边框
4. 实例——利用通道创建复制选区

任务详解

1. 通道的基本知识

通道是一种单一色彩的平面，其主要功能有：存储图像的色彩资料、存储和创建选区以及抠图。如果能熟练使用通道，则可以使图像编辑更加灵活多样，比如从图像中勾画出了一些极不规则的选区并保存后，一般情况下这些"选区"即将消失，这时，我们就可以利用通道，将"选区"储存为一个个独立的通道层；需要什么选区，就可以方便地从通道面板中将其调入。这个功能，在特技效果的照片上色实例中得到了充分应用。

（1）Alpha 通道：Alpha 通道是计算机图形学中的术语，它是为保存选区而专门设计的通道，在生成一个图像文件时并不是必须产生 Alpha 通道，Alpha 通道是用户在进行图像编辑时人为生成，并从中读取选区信息的。因此在输出制版时，Alpha 通道会因为与最终生成的图像无关而被删除。如为保存图 2.58(a)中(红色线条描边区域)选区，而人为生成 Alpha1 通道，如图 2.58(b)所示。

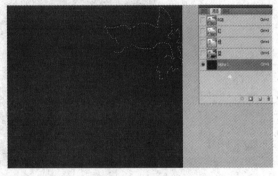

(a) 被选中选区　　　　　　　　　　　　　　(b) Alpha1 通道示意图

图 2.58　选区与 Alpha1 通道

（2）颜色通道：一个图片被建立或者打开以后是会自动创建颜色通道的。在 Photoshop 中进行图像编辑，实际上就是在编辑颜色通道。这些通道把图像分解成一个或多个色彩成分，图像的模式决定了颜色通道的数量，如 RGB 模式有 R、G、B 三个颜色通道，如图 2.59(a)所示；CMYK 模式有 C、M、Y、K 四个颜色通道，如图 2.59(b)所示；灰度模式只有一个颜色通道，如图 2.59(c)所示。它们包含了所有将被打印或显示的颜色。当查看单个通道的图像时，图像窗口中显示的是没有颜色的灰度图像，通过编辑灰度级的图像，可以更好地掌握各个通道颜色的亮度变化。

(a) RGB 模式下的通道面板　　　(b) CMYK 模式下的通道面板　　　(c) 灰度模式下的通道面板

图 2.59　不同模式下通道面板示意图

（3）复合通道：复合通道是由蒙板概念衍生而来，是用于控制两张图像叠加关系的一种简化应用。复合通道不包含任何信息，实际上它只是同时预览并编辑所有颜色通道的一种快捷方式。它通常被用来在单独编辑完一个或多个颜色通道后使通道面板返回到默认状态。对于不同模式的图像，其通道的数量是不一样的。在 Photoshop 之中通道涉及三个模式：RGB、CMYK、Lab 模式。RGB 图像含有 RGB、R、G、B 通道；CMYK 图像含有

CMYK、C、M、Y、K 通道；Lab 模式的图像则含有 Lab、L、a、b 通道。

(4) 专色通道：专色通道是一种特殊的颜色通道，它可以使用除了青色、洋红(有人叫品红)、黄色、黑色以外的颜色来绘制图像。在印刷中为了让自己的印刷作品与众不同，往往要做一些特殊处理，如增加荧光油墨或夜光油墨，套版印制无色系(如烫金)等，这些特殊颜色的油墨(我们称其为"专色")都无法用三原色油墨混合而成，这时就要用到专色通道与专色印刷了，如图 2.60 所示。

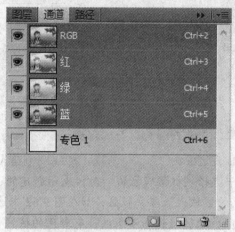

图 2.60 专色通道

在图像处理软件中，都存有完备的专色油墨列表，我们只须选择需要的专色油墨，就会生成与其相对应的专色通道，但在处理时，专色通道与原色通道恰好相反，用黑色代表选取(即喷绘油墨)，用白色代表不选取(不喷绘油墨)。由于大多数专色无法在显示器上呈现效果，所以其制作过程也带有相当大的经验成分。

(5) 矢量通道：为了减小数据量，人们将逐点描绘的数字图像再一次解析，运用复杂的计算方法将其上的点、线、面与颜色信息转化为简捷的数学公式，这种公式化的图形被称为"矢量图形"，而公式化的通道，则被称为"矢量通道"。矢量图形虽然能够成百上千倍地压缩图像信息量，但其计算方法过于复杂，转化效果也往往不尽如人意。因此它只有在表现轮廓简洁、色块鲜明的几何图形时才有用武之地；而在处理真实效果图像(如照片)时则很少用。Photoshop 中的"路径"、3D 中的几种预置贴图等都是属于这一类型的通道。

2. 通道的基本操作

下面将以 Alpha 通道的新建、颜色通道的合并与分离及通道的复制与粘贴来介绍通道的基本操作。

1) 新建 Alpha 通道

通过新建 Alpha 通道，可以将选区存储为灰度图像，其新建方法如下：

(1) 打开 Photoshop CS4 应用程序，单击"文件"→"新建…"，打开新建对话框，设置名称为"新建 Alpha 通道"、宽度和高度都为 20 厘米、分辨率为 72、颜色模式为 RGB、背景内容为白色，然后单击"确定"。

(2) 单击菜单命令"文件"→"置入…"，选择所需素材并调整素材大小，按"Enter"键置入素材。

(3) 单击并激活"通道"面板，在"通道"面板的右上方单击 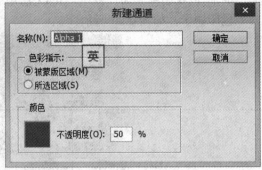 按钮，在弹出的菜单中选择"新建通道…"命令，如图 2.61 所示。

(4) 在打开的"新建通道"对话框中输入通道名称如 Alpha1，设定通道的颜色显示方式，同时更改通道颜色及其透明度等，如图 2.62 所示。

图 2.61　新建 Alpha 通道命令　　　　　图 2.62　新建 Alpha 通道对话框

提示：当在图 2.62 中选择"被蒙版区域"时，表示新建的 Alpha1 通道中有颜色的区域代表蒙版区，没有颜色的区域代表非蒙版区；如在图 2.62 中选择"所选区域"时，在新建的 Alpha1 通道中没有颜色的区域代表蒙版区，有颜色的区域代表非蒙版区。

(5) 在"新建通道"对话框中单击"确定"按钮，即可创建好 Alpha1 通道。默认状态下，新建通道会自动隐藏，要显示则可以在通道面板中单击该通道前方的"指示通道可见性"即可。

2) 颜色通道的合并与分离

当用户对通道进行编辑操作时，通常需要将各个颜色通道分离出来分别进行编辑，编辑完后再把各个颜色通道按某种颜色模式进行合并，其操作方法如下。

(1) 执行菜单命令"文件"→"打开…"，打开练习素材，如要分离颜色通道，可打开"通道"面板，单击"通道"面板右上角的  按钮，在弹出菜单中选择"分离通道"命令，如图 2.63 所示。

图 2.63　分离通道

(2) 将颜色通道分离后，"通道"面板中只有一个"灰色"通道，如图 2.64 所示。而原来的 RGB 图像文件将拆分成 R、G、B 三个独立的通道文件，如图 2.65 所示。

图 2.64 分离后的通道

图 2.65 分离通道后原文件被分成三个独立文件

(3) 若要重新合并通道时，可单击"通道"面板右上角的 ▤ 按钮，选择"合并通道…"命令，如图 2.66 所示。

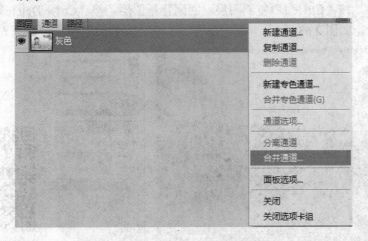

图 2.66 合并通道

(4) 在打开的"合并通道"对话框中选择合并模式，如选择 RGB 模式(图 2.67 所示)，再设定通道数为 3，单击"确定"按钮，打开"合并 RGB 通道"对话框，指定合并通道，然后单击"确定"完成合并。

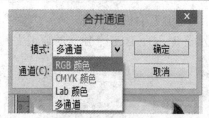

图 2.67　选择合并模式

3) 通道的复制与粘贴

在 Photoshop 中，通道的复制分为：通道复制到新通道、通道信息复制到另一通道和通道复制到图层三种。

(1) 通道复制到新通道。如将绿通道复制为一个新通道方法有两种：右键单击绿通道，选择"复制通道"，保持默认的名称，即可生成绿副本通道；或者单击绿通道，然后拖曳到通道面板最下面的"新建通道"按钮上面，也可以复制通道。

(2) 通道信息复制到另一通道。在 Photoshop 中，如何将一个通道的信息复制到另一个通道呢(如复制绿通道信息到蓝通道)？在通道面板中，单击绿通道，先按"Ctrl + A"全选，然后按"Ctrl + C"复制绿通道信息，接着单击蓝通道，按"Ctrl + V"粘贴，即可复制绿通道信息到蓝通道。

(3) 通道复制到图层。比如如何复制绿通道到新图层呢？在通道面板中，单击绿通道，按"Ctrl + A"全选，"Ctrl + C"复制，切换到图层面板，新建一个图层，按"Ctrl + V"粘贴即可复制绿通道到新图层。

3. 实例——制作照片边框

本例主要介绍通道工具的应用。

(1) 打开 Photoshop CS4 应用程序，单击"文件"→"打开…"，在案例中找到"像框制作案例.jpg"，按"Ctrl + J"复制图层，回到背景图层，按"Ctrl + Delete"，将背景图层改为白色背景，如图 2.68 所示。

21　像框制作案例

图 2.68　图像复制图层

(2) 选择"通道"→"创新建通道"，框选选区，填充为白色，取消选区，如图 2.69 所示。

图 2.69　通道选取图

(3) 执行"滤镜"→"扭曲"→"玻璃",设置参数,如图 2.70 所示。

图 2.70　滤镜参数设置

滤镜设置可自由发挥,常用于制作像框的滤镜有:玻璃、壁画、碎片、彩色铅笔、晶格化、喷溅、彩色描边、彩色半调、强化边缘、锐化等等。

(4) 点击右下角"将通道作为选区载入",如图 2.71 所示。

图 2.71　将通道作为选区载入

图 2.72　通道制作像框效果图

(5) 回到图层,点击图层 1,选取反选,按"Delete"删除,按"Ctrl＋D"取消选择,得到如图 2.72 所示效果。

制作像框，还可以新建图层，制作出边框，再利用不同滤镜、图层混合选项等，制作出自己满意的像框。

4. 实例——利用通道创建复制选区

本例主要介绍通道工具的应用，并利用通道选区制作特殊的文字效果(冰冻文字)。

(1) 打开 Photoshop CS4 应用程序，单击"文件"→"新建…"，新建一个大小 800×600 的画布，填充为黑色，进入通道面板，新建一个 Alpha 通道，输入文字"PHOTOSHOP"，如图 2.73 所示。

图 2.73 新建文字通道

(2) 复制 Alpha1 通道为 Alpha1 副本，在 Alpha1 副本中选择"滤镜"→"像素化"→"碎片"，执行两次此命令，如图 2.74 所示。

图 2.74 碎片滤镜执行

(3) 通过"选择"→"全部","编辑"→"拷贝",把 Alpha1 副本通道的内容复制,返回图层面板,新建一个图层 1,执行"编辑"→"粘贴"命令,选择"滤镜"→"像素化"→"晶格化"命令,设置属性如图 2.75 所示。

图 2.75　晶格化滤镜参数设置

(4) 再选择"图像"→"色相饱和度",调整属性值,给字体着色,如图 2.76 所示。

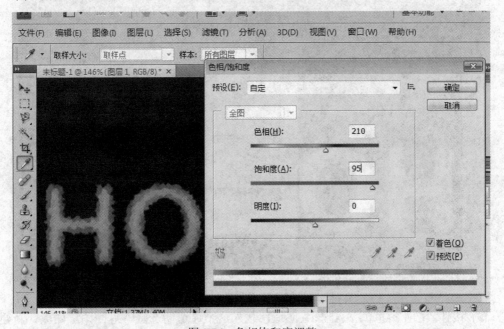

图 2.76　色相饱和度调整

(5) 返回通道面板，选择 Alpha1，执行"滤镜"→"模糊"→"高斯模糊"命令，如图 2.77 所示。

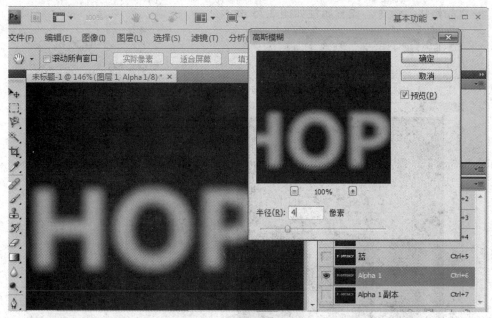

图 2.77　高斯模糊命令的执行

(6) 然后再执行"图像"→"调整"→"色阶"，调整色阶的属性值，使图片的边缘比原来的大一些，如图 2.78 所示。

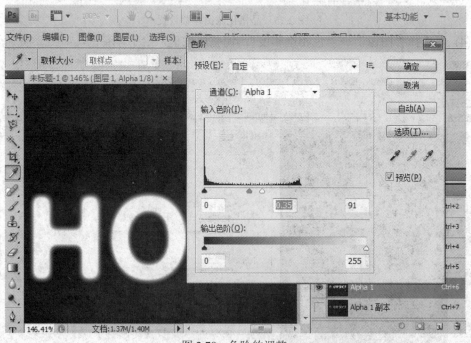

图 2.78　色阶的调整

(7) 按住"Ctrl"键单击 Alpha1 通道，载入这个通道的选区。返回图层面板，新建图层 2，此时图层带着 Alpha1 的选区。在图层 2 中，执行"滤镜"→"渲染"→"云彩"命令，如图 2.79 所示。

图 2.79　云彩滤镜的执行

(8) 再选择"滤镜"→"素描"→"铬黄"命令，调整属性值，如图 2.80 所示。

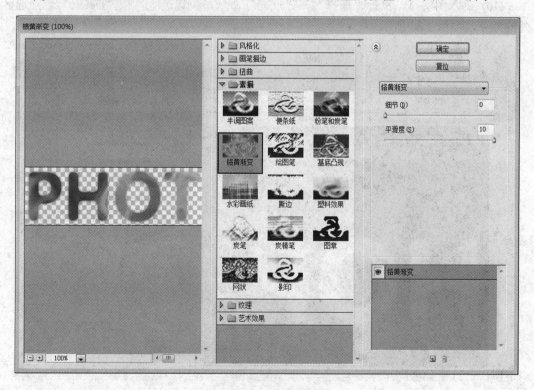

图 2.80　铬黄滤镜的执行

(9) 给图层添加"内发光"的图层样式，内发光的属性值设置如图 2.81 所示，调整图层的混合模式为叠加。

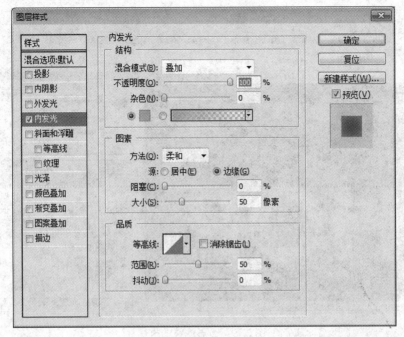

图 2.81　图层样式的设置

（10）进入图层 1，执行"选择"→"反向"命令，反选选区，按"Delete"删除选区外的部分，如图 2.82 所示。

图 2.82　选区更改设置

（11）选择"图像"→"图像旋转"，对图片进行顺时针的调整，选择"滤镜"→"风格化"→"大风",如图 2.83 所示。如果图形建的比较小,风格化时请选择"风"。

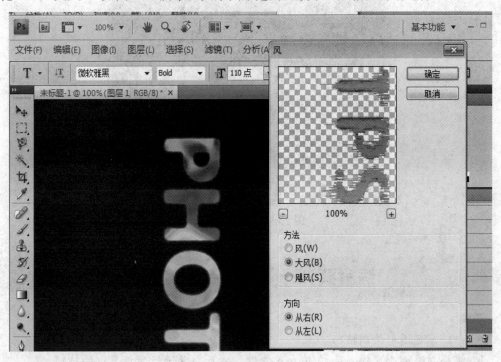

图 2.83 大风滤镜的设置

(12) 再把画布进行逆时针 90 度的旋转,恢复原来的方向,在背景图层执行"滤镜"→"渲染"→"镜头光晕",如图 2.84 所示。

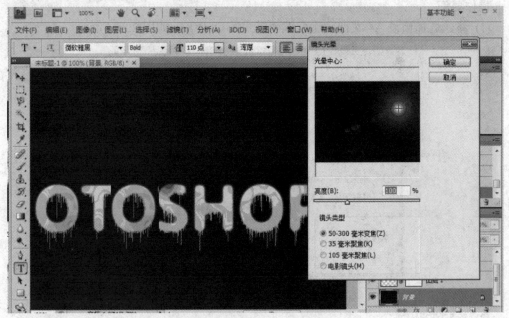

图 2.84 镜头光晕滤镜设置

(13) 最后,得到一个冰冻文字,效果如图 2.85 所示。大家可以根据这种思路,制作其他自己喜欢风格的文字,并应用到其他图片制作中。

图 2.85　最终效果图

综合实训一　书籍封面的制作

要求：

- 熟练掌握图形绘制技巧。
- 掌握对象大小变换、色相/饱和度修改，以及对其进行变换复制的技巧。
- 熟练掌握利用复制变形制作图案的技巧及制作背景和文字的方法。
- 提升使用 Photoshop 设计图案的综合能力。

操作要领：

(1) 新建选择预设 A4 文档，注意颜色模式选 CMYK，如图 2.86 所示。

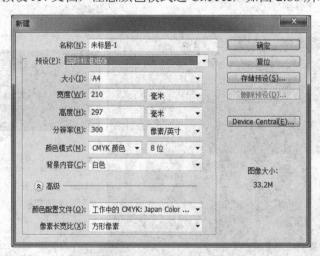

图 2.86　新建画布的预设

(2) 绘制花瓣。

① 新建图层，选择椭圆绘制工具，选填充像素，选择一种喜爱的颜色作为前景色，绘制椭圆。按"Ctrl + J"复制图层，按"Ctrl + T"将其适当变小，按"Ctrl + U"改变色

相/饱和度，得到新的颜色，并移动对齐。

② 按"Ctrl + Shift + Alt + T"(变换复制)，再按"Ctrl + U"调整色相/饱和度得到新的颜色，对齐。

③ 重复得到约 10～20 个小椭圆，将背景图层变为不可见，按"Ctrl + Shift + E"合并可见图层，重命名为"花瓣"图层，得到一片颜色鲜艳的花瓣，再将背景图层设为可见，如图 2.87 所示。

图 2.87　通过变换复制工具绘制花瓣

(3) 通过复制变形组成花形。

① 按"Ctrl + T"将花瓣变得较小并移动到画布左上角，按"Ctrl + J"复制图层，按"Ctrl + T"将花瓣中心点移到花瓣底部正中、画布中间左右，在上方变形面板上宽 W、高 H 都输入 90%，角度 24 度(角度大小，根据所绘花瓣调整)，敲击回车键应用变换，如图 2.88 所示。

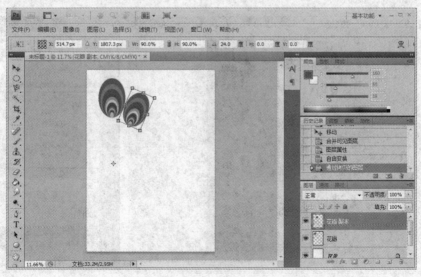

图 2.88　复制变形

② 不断按"Ctrl＋Shift＋Alt＋T"变换复制，得到更多的花瓣，直到花瓣绕 3～4 圈为止(30～50 次左右)。

③ 合并除背景图层外的各图层，重命名为"花"图层，如图 2.89 所示。

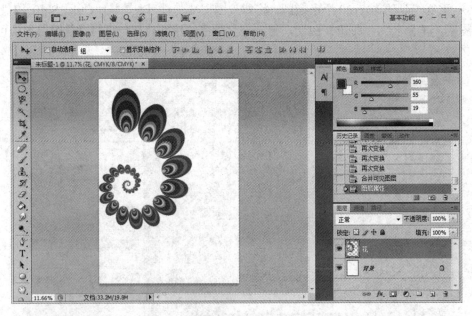

图 2.89　变换复制绘制花图层

(4) 制作背景和文字。

① 按"Ctrl＋T"，将花拉伸至正好填充画布的大小。

② 如图 2.90 所示，花图层下方新建一个图层，填充前景色为黑色，用矩形工具，框一个 1/5 左右的长方形框，填充色为橘黄色(F99E1B)(或根据个人喜好，选择颜色)。

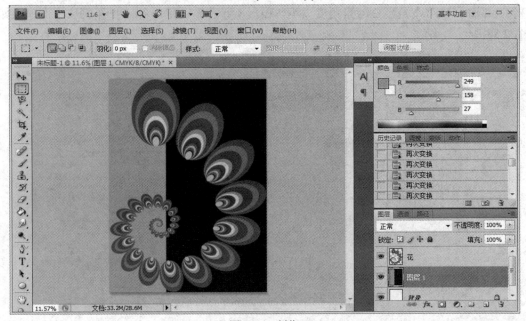

图 2.90　制作

③ 如图 2.91 所示，选择图层"花"，输入文字"Photoshop CS"，字体字号根据画面大小和个人喜好设置，点击确定。按"Ctrl＋T"自由变换，旋转一定角度。

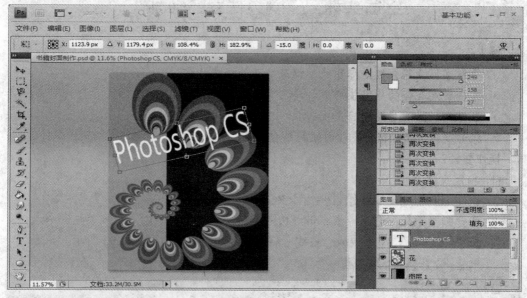

图 2.91　设置封面文字

④ 如图 2.92 所示，新建一个图层在花图层下方，用直线工具，选择填充像素，画一白色直线(约 18 像素粗细)，用框选工具或橡皮擦删出虚线效果(亦可用画笔工具设置出虚线效果，学生可自行实践多种方法)，旋转 15°，置于文字下方。

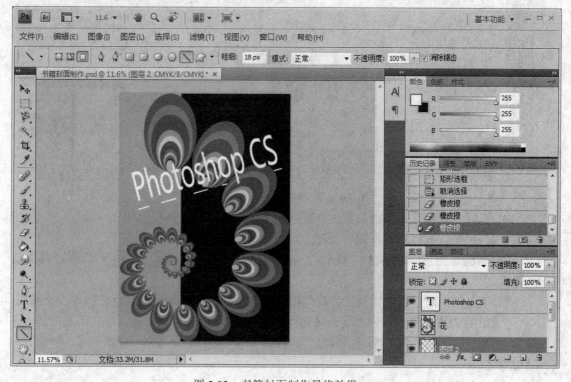

图 2.92　书籍封面制作最终效果

综合实训二　网页栏目封面制作

要求：

- 熟练掌握画笔、极坐标滤镜、钢笔工具的应用技巧。
- 掌握图层混合的应用技巧。
- 熟练掌握不同滤镜的应用技巧。
- 提升使用 Photoshop 设计图案的综合能力。

操作要领：

(1) 自定义画笔。

① 新建 800×800、300 像素/英寸、RGB 白色画布。

② 选择画笔工具，选 5 像素、带虚边的画笔。新建一个图层，用画笔画一个点。

③ 按"Ctrl+T"，将点拉成一条线，将线移到画布下方，如图 2.93 所示。

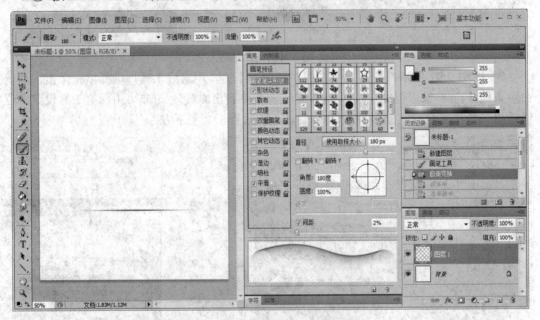

图 2.93　用画笔和变形工具画的直线

④ 执行"滤镜"→"扭曲"→"极坐标"→"平面坐标到极坐标"，得到一个半圆，如图 2.94 所示。(线越靠下，圆半径越大)

⑤ 如图 2.95 所示，执行"编辑"→"定义画笔预设"，输入名称"月牙"，得到新画笔。

⑥ 工具箱中前后景色转换，将背景图层填充为黑色，删除其他图层。新建一个图层。

⑦ 如图 2.96 所示，点击"切换画笔面板"，在画笔面板中，勾选"形状动态"和"平滑"，画笔笔尖形状中设角度为 180 度、间距为 2%，画一条线，为一管状图形，删掉。画笔设置完成。

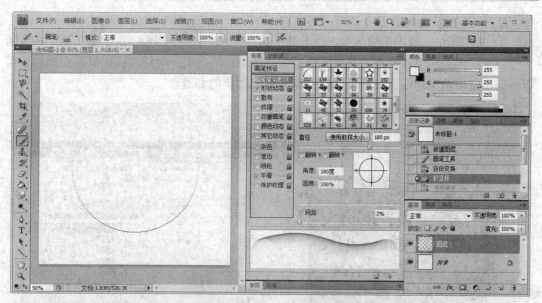

图 2.94　平面极坐标得到的半圆

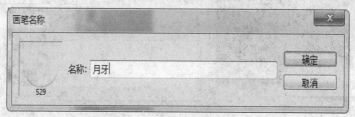

图 2.95　定义画笔预设

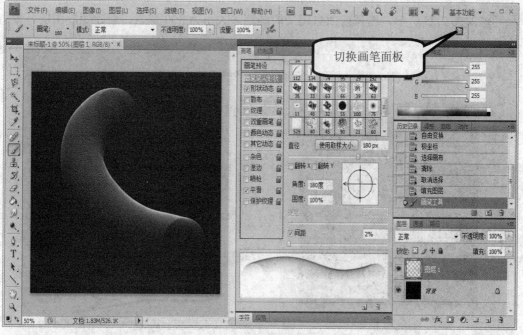

图 2.96　画笔面板设置

(2) 利用路径绘制图形。

① 新建图层，双击图层名字，改名为"螺旋"。如图 2.97 所示，选钢笔工具，在画面上点四个锚点，利用转换点工具将其调整为螺旋形；单击第一个锚点按住鼠标左键不放可以拉伸出左右两个曲线点，拖动其即可得到自己想要的曲线。

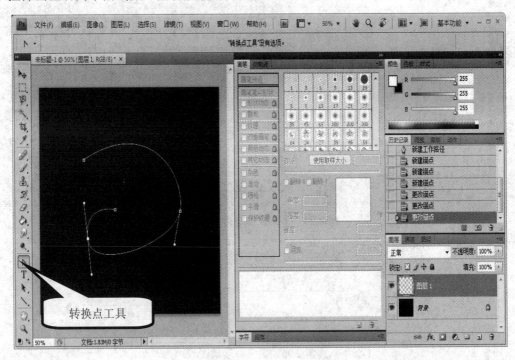

图 2.97　绘制螺旋路径

② 如图 2.98 所示，选择前面自定义的画笔，大小为 300 像素，新建螺旋图层，单击

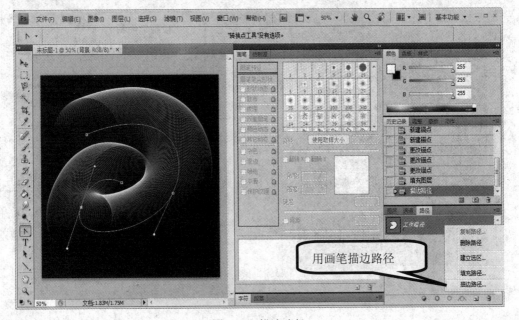

图 2.98　描边路径

路径、右击选择描边路径，在弹出的对话框中直接点确定(可试试"模拟压力"效果，但本例不选择)，得到立体效果，框选并删除路径。

③ 回到图层调板，新建"圆形"图层，隐藏螺旋图层，选择椭圆工具，调板中选路径，按住"Shift"键，画一个正圆。

④ 用自定义的画笔，像素选为 350，在工作路径调板，点击描边路径按钮，画出立体效果，删除路径。

⑤ 恢复螺旋图层可见性并调整到大圆右上角。

⑥ 在大圆右下角用 100 像素羽化画一个圆，删除三次，得到由虚到实渐变的圆形(虚化边界)，如图 2.99 所示。

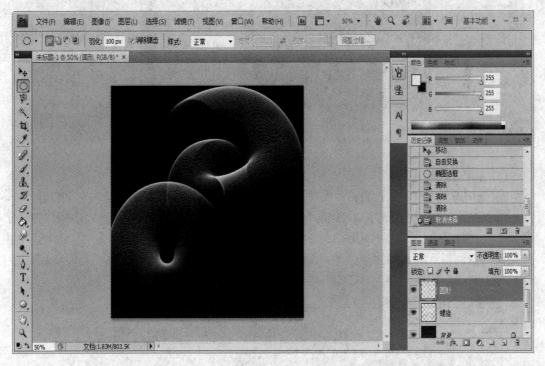

图 2.99　绘制渐变圆形

(3) 为图形添加光晕效果。

分别为圆形和螺旋形添加光晕效果，具体步骤及参数设置如下。

① 圆形图层混合选项：投影效果选"线性减淡"、颜色选黄色 EFC70C 或根据自己的喜好选择，不透明度为 86%、角度为 120、距离为 0、扩展为 0、大小为 46；外发光混合模式选"线性减淡"、透明度为 27%、杂色为 0、颜色为淡黄色 FFFFBE，扩展为 0、大小为 46，即可得到黄色光晕。

② 螺旋图层混合选项：投影混合模式为"线性减淡"、颜色为亮黄 FFF600，不透明度为 43%，角度为 120、距离为 5、扩展为 0、大小为 57；外发光混合模式选"线性减淡"，透明度为 75%，杂色为 0、颜色选明黄色 F9F947，扩展为 0、大小为 65，即可得到更加发光的螺旋。

为图形和螺旋形添加光晕后的效果如图 2.100 所示。

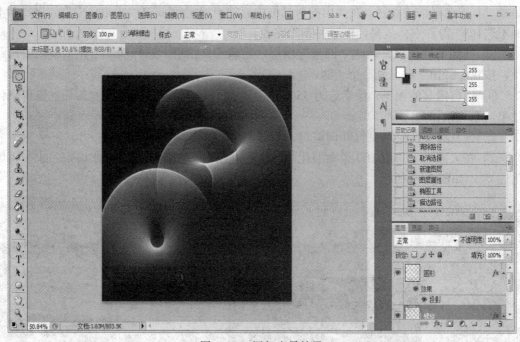

图 2.100　添加光晕效果

(4) 制作背景。

① 选中背景图层，依次点击"文件"→"置入"→"水波素材"，调整大小至合适为止。

② 前景色选紫红 FF37AD，背景为蓝色 2160FF，依次选择"滤镜"→"渲染"→"分层云彩"、"滤镜"→"艺术效果"→"水彩"、"滤镜"→"艺术效果"→"干画笔"，重复操作，直到得到满意的背景效果，如图 2.101 所示。

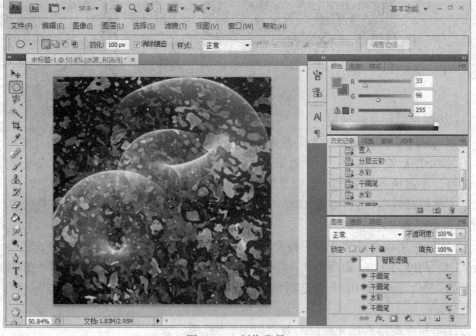

图 2.101　制作背景

③ 用文字工具，输入文字，如图 2.102 所示，分别将两行文字设置为大小 26、字体 IMPACT、格式锐利及大小 36、字体文鼎霹雳。

图 2.102 网页栏目封面制作

文鼎霹雳字体可以到网上下载，然后解压放到 "C:\Windows\Fonts" 文件夹中，即可使用。

至此，得到一张图片，可用作网页栏目封面。

习 题 二

1. 填空题

(1) 对选区内容进行填充的菜单命令是_____，而对选区进行描边选择的菜单命令是_____。

(2) 要清除选区内的内容，可以选择"编辑"菜单下的_____或按 Delete 键。

2. 选择题

(1) 对文字图层中的文字进行修改和编辑时，下列描述不正确的是( )。

A. 文字图层中的文字可以进行颜色的更换

B. 文字图层中的文字内容可以进行加字或减字

C. 将文字图层转换为像素图层后可以改变文字的字体

D. 在文字图层中文字的大小可以修改

(2) 图 "★" 是用多边形工具绘制的五边形，关于多边形选项的设置，以下说法正确的是(　　)。

    A. 选择了"星形"选项

    B. 选择了"星形"选项，同时选择了"平滑拐角"选项

    C. 选择了"星形"选项，同时选择了"平滑缩进"选项

    D. 选择了"星形"选项，同时选择了"平滑拐角"和"平滑缩进"选项

3. 简答题

(1) 改变图像大小和改变画布大小有何差别？

(2) 如何创建图层蒙版？

项目三　数字视频编辑与处理

任务 1　数字视频编辑基础

学习目标

※　了解线性编辑与非线性编辑的概念。

※　掌握视频编辑的基础知识。

※　初步认识并熟悉 Premiere Pro CS4 工作界面。

具体任务

1. 线性编辑与非线性编辑简介
2. 视频编辑基础知识介绍
3. Premiere Pro CS4 界面导航

任务详解

1. 线性编辑与非线性编辑简介

了解并区别传统线性编辑与非线性编辑的原理对于学习非线性编辑有着十分重要的作用。

线性编辑指的是一种需要按时间顺序从头至尾进行编辑的节目制作方式，它所依托的是以一维时间轴为基础的线性记录载体，如磁带编辑系统。磁带编辑系统一般由一台或多台放像机、录像机、编辑控制器、特技发生器、时基校正器、调音台及字幕机等组成。编辑人员在放像机上重放磁带上已经记录好的影像素材，选择一段合适的素材打点，并把它记录到录像机中的磁带上，然后再在放像机上找下一个镜头打点、录像。就这样反复播放、录制，直至将所有合适的素材按照需要全部录制下来。由于素材在磁带上按时间顺序记录，因此这种编辑方式要求编辑人员首先编辑素材的第一个镜头，结尾的镜头最后编辑，一旦编辑完成，就不能轻易改变这些镜头的组接顺序，也无法往中间插入素材。因为对编辑带的任何改动，都会直接影响到记录在磁带上的信号的真实地址，从改动点以后直至结尾的所有部分都将受到影响，需要重新播放并录像，而且影像素材也会因为反复录制而造成画面质量下降。

随着非线性编辑方式的发展，线性编辑的劣势很快得到了解决。非线性编辑是相对于传统上以时间顺序进行编辑的制作方式而言的，它借助计算机来进行数字化制作，几乎所有的工作都在计算机里完成，不再需要那么多的外部设备，对素材的调用也是瞬间实现，不用反反复复在磁带上寻找，突破了单一的时间顺序编辑限制，可以按各种顺序排列，具有编辑方式的非线性、信号处理数字化及素材随机存取的特性。非线性编辑的优点是只要上传一次就可以进行多次编辑，信号质量始终不会降低，同时也可以根据预先采集的视音频内容从素材库中选择素材，并可在任意时间点加入各种特技效果，所以节省了人力物力，也提高了效率。

从非线性编辑系统的作用来看，非线性编辑需要专用的编辑软件、硬件，这些软、硬件集录像机、切换台、数字特技机、编辑机、多轨录音机、调音台等设备的功能于一身，几乎替代了所有的传统后期制作设备。这种高度的集成性，使得非线性编辑系统的优势更为明显。总而言之，非线性编辑系统具有信号质量高、制作水平高、节约投资、保护投资、网络化等多方面的优越性，现在绝大多数的电视电影制作机构都采用了非线性编辑系统。

任何非线性编辑系统的工作流程，都可以简单地看成输入、编辑、输出这样三个步骤。当然由于不同软件功能的差异，其使用流程还可以进一步细化。以 Premiere Pro CS4 为例，其工作流程主要分成如下五个步骤：素材导入、素材编辑(设置素材的入点与出点以选择最合适的部分)、特效处理(转场、特效、合成叠加)、字幕制作及导出等。

在非线性编辑中，所有的素材都是以文件的形式用数字格式存储在媒体上的，每个文件被分成标准大小的数据块，通过快速定位编辑点实现访问和编辑。这些素材除了视频和音频文件之外，还可以是图形、图像、文本和动画等。图像文件资源丰富，兼容性较好，很多不同格式的图像都可以在非线性编辑中使用。

2. 视频编辑基础知识介绍

在使用 Premiere Pro CS4 对素材进行编辑之前，有必要对视频基础知识(如电视制式、色彩空间等)进行了解。

1) 电视制式

电视信号的标准简称电视制式，目前国际上主要使用的电视制式有三种：NTSC、PAL、SECAM。各国的电视制式不尽相同，制式的区分主要在于其帧频(场频)的不同、分辨率的不同、色彩空间的转换关系不同等方面。

(1) NTSC 制(National Television Systems Committee，正交平衡调幅制)，这种电视制式的帧频为 29.97 帧，场频为 60 场，标准分辨率为 720×480。这种电视制式解决了彩色电视和黑白电视兼容的问题，但也存在容易偏色的缺陷。目前采用这种制式的主要国家有美国、加拿大和日本等。

(2) PAL 制(Phase-Alternative Line，正交平衡调幅逐行倒相制)，这种电视制式的帧频为 25 帧，场频为 50 场，标准分辨率为 720×576，它克服了 NTSC 制式因相位敏感造成的色彩失真的问题，主要使用国家为中国、德国、英国和其他一些西北欧国家。PAL 制式中根据不同的参数细节，又可以进一步划分为 G、I、D 等制式，其中 PAL-D 制是我国采用的制式。

(3) SECAM 制(Sequential Coleur Avec Memoire，行轮换调频制)，意思为按照顺序传送与存储彩色电视系统，主要特点是不怕干扰和色彩保真度高。采用这种制式的有法国、前苏联和东欧一些国家。

2) 像素比和帧速率

视频(Video)是根据人眼视觉暂留的原理，将一系列静态影像以电信号的方式加以捕捉、记录、处理、储存、传送与重现而产生的运动影像，即视频是一系列静态画面(帧)连续变化产生的视觉效果。因此，要产生适合人眼观看的视频，对视频的相关参数就必须有一定要求。

像素是构成数码影像的基本单元，是由一个数字序列表示的图像中的一个最小单位，当我们将一幅图像的局部无限放大时会发现，图像好像是由许许多多的点构成的，图像中的每个点可以简单地理解为像素。像素比是指图像中的一个像素的宽度与高度之比，如方形像素的宽高比为 1∶1，而我国使用的 PAL 制像素比就是 16∶15 = 1.067。

帧速率(Frames Per Second，FPS)，指图形处理器每秒钟刷新图片的次数。根据人眼视觉暂留的原理，要生成平滑连贯的视频效果，要求帧速率一般是 24～30 fps，如 PAL 制式视频的标准帧速率为 25 fps，而 NTSC 制式视频的标准帧速率为 30 fps，电影则是 24 fps。当然，帧速率越高，视频越流畅，动画效果也越逼真，在其他参数不变的情况下视频文件也越大。虽然这些帧速率足以提供适合人眼观看的平滑动画，但还没有高到能够避免视频闪烁的程度，当图像刷新频率低于 50 时人眼就能感觉到视频的闪烁，所以为了避免出现这样的情况，电视系统都采用隔行扫描的方式，即两场合成一帧。

像素的长宽比称为像素比，帧的长度和宽度之比就是帧的长宽比。目前我国标清电视系统采用的帧长宽比是 4∶3，而高清电视每帧采用的长宽比则是 16∶9。

注意：图像的长宽比和显示设备中定义的长宽比是不一致的。例如在计算机中产生一幅 200×200 的方形像素图，在标清或高清电视系统上播放时显示的就是矩形图。

3. Premiere Pro CS4 界面导航

Premiere Pro CS4 的工作界面由菜单栏、三个主要窗口和多个控制面板组成，如图 3.1 所示。三个主要窗口分别是：项目窗口、监视器窗口和时间线窗口，而控制面板主要由媒体浏览/信息/效果/历史面板组、特效控制面板、工具箱面板及调音台面板等组成，除此之外还有字幕窗口。下面就对各个窗口、面板及菜单栏进行简单介绍。

图 3.1　Premiere Pro CS4 工作界面

1) 项目窗口

项目窗口如图 3.2 所示，主要用于导入、存放和管理素材。进行视频编辑之前，所用的素材应先全部存放于项目窗口里，然后才能调出使用。项目窗口的素材可以以名称、标签、素材的出点和入点等具体信息来排列显示。素材也可以以不同方式来显示，如列表和图标。在项目窗口中，还可以对素材进行分类管理、重命名及重新设定入点和出点等操作。

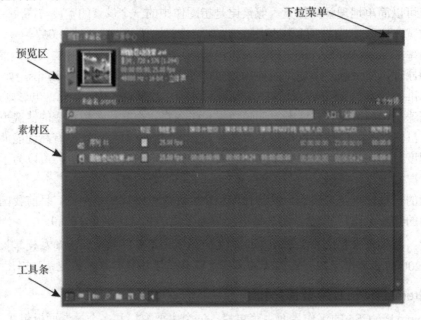

图 3.2　项目窗口

项目窗口按照不同的功能可以分为以下几个功能区：

(1) 预览区。预览区位于项目窗口的左上角，用户只需在素材区点击某一素材文件，就可以在预览区查看该素材的相关信息。对于影片、视频素材，选中后按下预览区左下侧的"播放/停止切换"按钮，即可以预览该素材的内容。当播放到该素材里具有代表性的画面时，按下播放按钮上方的"标识帧"按钮，便可将该画面作为该素材缩略图，便于用户识别和查找。

(2) 素材区。素材区位于项目窗口的中间部分，主要用于排列项目文件中的所有素材，还可以显示包括素材类别、名称、标签、格式在内的相关信息。默认显示方式是列表方式，如果单击项目窗口下部工具条中的"图标视图"按钮，素材将以缩略图方式显示，再单击工具条中的"列表视图"按钮，就可以返回列表方式显示。

(3) 工具条。工具条位于项目窗口的最下方，提供了一些常用的功能按钮，如素材区的"列表视图"和"图标视图"图标按钮，还有"自动匹配到序列…"、"查找…"、"新建文件夹"、"新建分项"和"清除"等图标按钮。单击"新建分项"图标按钮，会弹出快捷菜单，用户可以在素材区中快速新建如"序列"、"脱机文件"、"字幕"、"彩条"、"黑场"、"彩色蒙版"、"通用倒计时片头"、"透明视频"等类型的素材。

(4) 下拉菜单。单击项目窗口右上角的小三角(▼)按钮，会弹出快捷菜单。该菜单命令主要用于对项目窗口素材进行管理，其中包括工具条中相关按钮的功能。

注意：所有素材必须先导入到项目窗口中才能使用，用户可以随时查看和调用项目窗口中的所有素材，如在项目窗口双击某一素材就可以在源监视器窗口中显示对应素材。此外，在 Premiere Pro CS4 中还新设有"查找"和"入口"两个便于素材查找的工具。

2) 监视器窗口

在 Premiere Pro CS4 中，监视器窗口包括源监视器、节目监视器和修整监视器三个监视器窗口，默认情况下，只显示图 3.3 中左边的素材源监视器窗口(简称源监视器)和中间的节目监视器窗口，而右边的修整监视器窗口需要单击菜单命令"窗口"→"修整监视器"调出。

　　源监视器　　　　　　节目监视器　　　　　　　　　修整监视器

图 3.3　监视器窗口

(1) 源监视器。源监视器窗口主要用来预览或粗剪项目窗口中选中的某一原始素材。素材源监视器窗口可以分为上、中、下三部分：左上角用于显示素材名称，右上角为三角按钮，单击时会弹出快捷菜单，可对素材窗口进行相关设置；中间是素材预览监视器窗口，可以在项目窗口或时间线窗口中双击某个素材，也可以将项目窗口中的某个视频直接拖至素材源监视器中将它打开；下方分别是素材时间编辑滑块位置时间码、窗口比例选择、素材总长度时间码显示。

(2) 节目监视器。节目监视器主要用来预览时间线窗口序列中已经编辑的素材，也是最终输出视频效果的预览窗口。节目监视器中的控制器及功能按钮很多跟源监视器窗口中的类似或相近，其中需要特别指出的是"提升"和"提取"两个按钮的功能。"提升"和"提取"是用来删除序列选中的部分内容，提升指移除在节目监视器中设置的从入点到出点的帧，时间线上的位置保留空白；而提取指移除在节目监视器中设置的从入点到出点的帧，不在时间线上的位置保留空白。

(3) 修整监视器。修整监视器主要用来调整序列中编辑点位置。

3) 时间线窗口

时间线窗口如图 3.4 所示，主要由视频轨道、音频轨道和一些工具按钮组成。它以轨道的方式实施视频音频组接编辑、图层叠加及关键帧设置等相关操作，是用户编辑素材的主要窗口。素材片段按照播放时间的先后顺序及合成的先后层顺序在时间线上从左至右、由上及下排列在各自的轨道上，可以使用各种编辑工具对这些素材进行编辑操作。时间线窗口分为上下两个区域：上方为时间显示区，下方为轨道区，其主要功能如下。

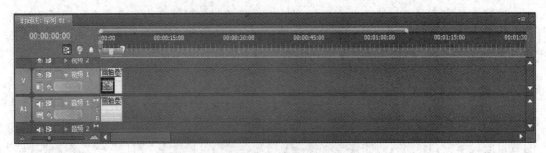

图 3.4　时间线窗口

(1) 时间显示区。时间显示区是时间线窗口工作的基准，它包括时间标尺、时间编辑线滑块及工作区域。左上方的时间码显示的是当前时间指针所处的位置。单击时间码，可以输入时间，使当前时间指针自动停到指定的时间位置。也可以在时间栏中按住鼠标左键并水平拖动鼠标来改变时间，确定当前时间指针的位置。

时间码下方有"吸附"图标按钮(默认被激活)，当在时间线窗口中移动素材片段时，可使素材片段边缘自动吸引对齐。此外还有"设置 Encore 章节标记"和"设置未编号标记"等图标按钮。

时间标尺用于显示序列的时间，时间标尺上的编辑线用于定义序列的时间，拖动当前时间指针可在节目监视器窗口中浏览素材内容。时间标尺上方的标尺缩放条工具和窗口下方的缩放滑块工具效果相同，都可控制标尺精度。标尺下方是工作区控制条，它确定了序列的工作区域，在影片预演和渲染的时候，通过它来指定工作区域，控制影片输出范围。

(2) 轨道区。轨道是用来放置和编辑视频、音频素材的地方。用户可以在现有的轨道基础上进行添加和删除操作，还可以进行轨道重命名、锁定、隐藏等操作。

在轨道的左侧是轨道控制面板，里面的按钮可以对轨道进行相关的控制设置，如"切换轨道输出"按钮、"切换同步锁定"按钮、"设置显示样式"按钮、"显示关键帧"选择按钮，还有"转到前一关键帧"和"转到后一关键帧"按钮。轨道区右侧上半部分是 3 条视频轨，用于放置视频、图片及文字素材，而下半部分是 3 条音频轨，可放置音频素材。

4) 信息面板

信息面板如图 3.5 所示，用于显示在项目窗口中所选中素材的相关信息。包括素材名称、类型、大小、开始及结束点等信息。

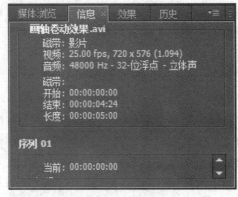

图 3.5　信息面板

5) 效果面板

效果面板如图 3.6 所示，主要用于存放 Premiere Pro CS4 自带的各种音频、视频特效和视频切换效果以及预置的效果。用户可以方便地为时间线窗口中的各种素材片段添加特效。按照特殊效果类别的不同将效果分为五个文件夹，而每一大类又细分为很多小类。如果用户安装了第三方特效插件，也会出现在该面板相应类别的文件夹下。

图 3.6　效果面板

6) 历史面板

历史面板主要用于记录用户编辑过程中所做的每一步操作，如图 3.7 所示。在其中可以很方便地找到需要撤销的步骤，且可往前撤销 99 步，撤销方法也很简单：需要撤销到哪一步，单击该步骤即可。同时，之后的编辑步骤将变成灰色，但仍在历史面板中记录着，直到有新的操作进行后将其替换。

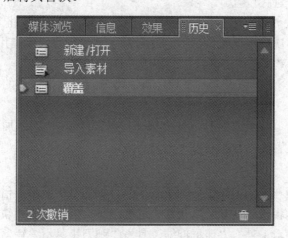

图 3.7　历史面板

注意：

(1) 历史面板记录的是项目本身的改变，而对于控制面板、窗口或环境参数所做的调整是不会记录的；

(2) 关闭并重新打开某一项目时，先前对该项目的编辑状态不会再在历史面板中显示，历史面板只记录项目当前的编辑状态。

7) 特效控制面板

特效控制面板如图 3.8 所示，主要用于为"时间线"窗口中选中的素材添加固定效果，如运动特效、透明度和时间重置等；另外还可以在特效控制台中对素材添加的视频、音频特效进行相应的参数设置和关键帧的添加等操作。

图 3.8　特效控制面板

下面对特效控制面板中的各个按钮功能做简单介绍。

• 显示/隐藏时间线视图 ≫：该按钮用于控制其右侧的时间线区域(可用来协助预览效果)是否展开。

• 显示/隐藏效果 ：该按钮用于控制固定的视频特效或音频特效是否展开，只有展开后才可对特效参数进行设置。

• 切换效果开关 fx：该按钮用于控制是否应用特效，单击该按钮当 fx 消失且变为"□"时表示特效关闭；再次单击该处按钮"□"则 fx 又会出现，表示启用特效。

• 展开▶/折叠▼按钮：展开或折叠特效的详细参数。

• 重置按钮 ：如参数设置不理想，可单击该按钮复位当前的特效参数，并回到初始状态。

• 切换动画 ：单击该按钮，可在当前时间指针所在位置添加一个关键帧，以便调整特效参数，否则设置的参数将对整个素材有效。

8) 工具面板

工具面板是视频与音频编辑工作的重要工具，如图 3.9 所示，借助工具面板中的工具可以完成许多特殊编辑操作。除了默认的"选择工具"外，还有"轨道选择工具"、"波纹编辑工具"、"滚动编辑工具"、"速率伸缩工具"、"剃刀工具"、"错落工具"、"滑动工具"、"钢笔工具"、"手形把握工具"和"缩放工具"，下面分别介绍这些工具的用途。

• 选择工具 ：主要用于选择素材，单击该工具按钮后再单击目标素材即可选中，配合"Shift"键可同时选中多个素材，另外还可用该工具进行素材的移动和关键帧的设置等操作。

• 轨道选择工具 ：用于选择某一轨道上"轨道选择工具"单击点以后的所有素材，配合"Shift"键可对多个轨道进行选择和移动。

• 波纹编辑工具 ：用于拖动素材的出点以改变素材长度，相邻片段长度不变，片段之间间隔不变，总的持续时间改变。

• 滚动编辑工具 ：用于改变素材的帧数，改变后相邻素材的帧数也会发生变化。

• 速率伸缩工具 ：可改变素材的长度，调整素材的播放速度，实现快放或慢播。

• 剃刀工具 ：用于分割素材，在素材上单击该工具即可将素材一分为二。

• 错落工具 ：用于改变素材的开始和结束帧，素材总长度保持不变。

• 滑动工具 ：时间线长度不变，被选中素材长度也不变，但会改变相邻素材的出点、入点及长度。

• 钢笔工具 ：主要用于在时间线窗口中对素材进行关键帧的设置。

• 手形把握工具 ：用于移动时间线窗口中的素材。

• 缩放工具 ：默认情况下用于放大素材在时间线窗口中的显示比例，按下"Alt"键的同时在时间线窗口中单击缩放工具按钮则可缩小素材显示比例。

图 3.9　工具面板

9) 调音台面板

调音台面板如图 3.10 所示，主要用于完成对音频素材的各种加工和处理工作，如混合音频轨道、调整各声道音量平衡或录音等。

图 3.10　调音台

10) 字幕窗口

字幕窗口主要用于编辑文字和设计文字样式，默认情况下不会出现在 Premiere Pro CS4 的工具界面中，需要时可通过"字幕"或"窗口"下的子菜单来打开该窗口。

11) 菜单栏

Premiere Pro CS4 的操作都可以通过选择菜单栏命令来实现，如图 3.11 所示。它的菜单主要有 9 个，分别是"文件"、"编辑"、"项目"、"素材"、"序列"、"标记"、"字幕"、"窗口"和"帮助"。所有操作命令都包含在这些菜单和其子菜单中。

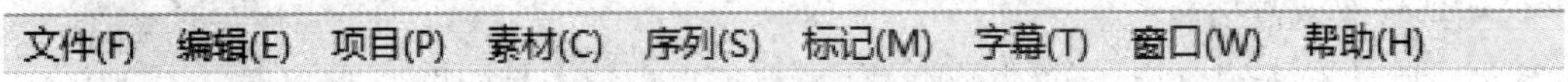

| 文件(F) 编辑(E) 项目(P) 素材(C) 序列(S) 标记(M) 字幕(T) 窗口(W) 帮助(H) |

图 3.11 菜单栏

(1) 文件：文件菜单主要用于文件的新建、打开、保存、输出和程序的退出操作。同时，该菜单命令还提供了视频、音频采集和批处理等实用工具。打开文件菜单后，其主要子菜单及命令有："新建"、"打开项目"、"打开最近项目"、"关闭"、"保存"、"另存为"、"采集"、"Adobe 动态链接"、"导入"、"导出"、"退出"等。

(2) 编辑：编辑菜单主要用于选择、剪切、复制、粘贴、删除等基本操作，还可以对系统的工作参数进行设置。其主要子菜单及命令有："撤销"、"重做"、"剪切"、"复制"、"粘贴"、"清除"、"选择所有"、"查找"、"编辑源素材"、"参数"等。

(3) 项目：项目菜单主要是管理项目以及项目窗口的素材，并对项目文件参数进行设置。

(4) 素材：素材菜单的主要功能是对时间线窗口中导入的素材进行编辑和处理。

(5) 序列：序列菜单主要包括有关时间线窗口操作的各种管理命令。

(6) 标记：标记菜单主要用于对素材进行标记的设定、清除和定位等。

(7) 字幕：字幕菜单主要用于创建字幕文件或对字幕文件进行编辑处理。

(8) 窗口：窗口菜单主要用于管理各个控制窗口和功能面板在工作界面中的显示情况。

(9) 帮助：帮助菜单可以打开软件的帮助文件，以便用户找到自己需要的帮助信息。

任务 2 Premiere Pro CS4 基本操作

学习目标

※ 掌握图像文件管理的方法。

※ 熟悉自定义工作界面的过程。

※ 了解非线性编辑的工作流程。

具体任务

1. 实例——项目文件的基本操作
2. 实例——自定义工作界面
3. 实例——素材的基本编辑

任务详解

1. 实例——项目文件的基本操作

要求：通过本实例的学习，了解并整体把握以 Premiere Pro CS4 为例的非线性编辑软件的工作流程，熟悉在 Premiere Pro CS4 中新建并管理项目文件的基本操作步骤。

在 Premiere Pro CS4 中，非线性编辑的工作流程主要有如下五步：素材导入、素材编辑、特效处理、字幕制作及导出等，下面就具体介绍其工作流程。

1) 新建项目文件

安装好 Premiere Pro CS4 后，可通过双击快捷图标将其打开，也可以通过菜单命令找到 Premiere Pro CS4 打开。Premiere Pro CS4 打开后进入启动界面，如图 3.12 所示。

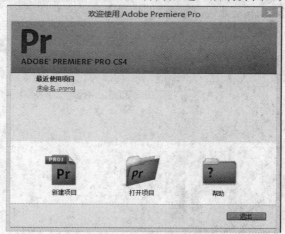

图 3.12　Premiere Pro CS4 启动界面

单击"新建项目"，系统会弹出新建项目对话框，如图 3.13 所示。

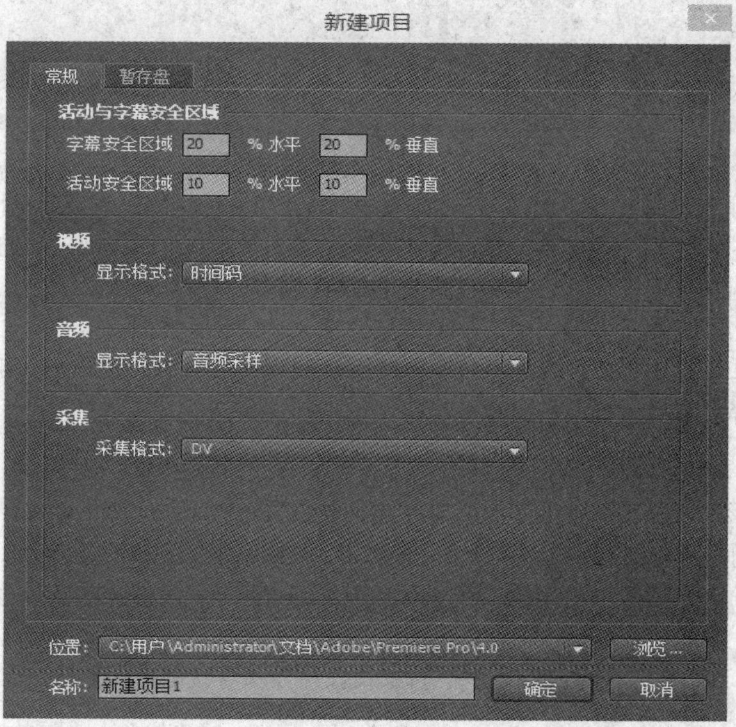

图 3.13　新建项目对话框

在图 3.13 中要求修改活动与字幕安全区域、选择音频显示格式、视频采集格式，这些参数默认即可，最后要输入项目保存的位置和项目名称，设置好后单击"确定"即可进入"新建序列"模式的选择，如图 3.14 所示。

图 3.14　新建序列对话框

在新建序列对话框中，除了常用制式如 DV-PAL 制和 DV-NTSC 制等之外，还有 AVCHD、DV-24P、HDV 等制式，以及专用于移动设备的制式。而我国采用的制式是 PAL-D 制，所以在选择序列模式时一般选择的是 PAL-D 制中的标准 48 kHz。之后，根据序列内容设置序列名称，最后单击"确定"即可打开图 3.1 所示界面。

注意：在给新建项目和新建序列取名时最好做到见名知意，在新建项目时项目的保存位置最好选择剩余空间较大的磁盘。

2）素材导入

在编辑影片前，要准备好影片所需要的各种素材，Premiere Pro CS4 默认情况下可支持 30 多种不同格式的素材，如视频文件格式有 AVI、ASF、MPEG、MOV、DIVX 等，音频文件格式有 MP3、WAV、MP4、WMA、MIDI、VQF 等，图像文件格式有 BMP、JPEG、PSD、TGA、GIF、TIFF、PNG 等。

（1）在导入素材时，可按照以下不同方式打开导入对话框导入素材：

①　执行菜单"文件"→"导入…"命令；

②　在项目窗口空白处双击鼠标左键；

③ 在项目窗口空白处点击鼠标右键，而后在弹出子菜单中单击"导入…"；

④ 按"Ctrl＋I"快捷键直接弹出"导入"对话框。

然后在电脑硬盘中找到编辑影片所需要的素材文件"水面微波.avi"，选中后按"打开"按钮(或者直接双击该素材)，该素材会自动导入到项目窗口中，如图 3.15 所示。另外，也可以直接将素材从电脑硬盘中拖到项目窗口空白处进行素材导入。如果多个素材在一个文件夹中，可以选择这个文件夹，单击"导入文件夹"命令，如图 3.16 所示。

图 3.15　素材导入对话框

图 3.16　文件夹导入对话框

(2) 导入序列素材文件。序列文件是一种特殊的素材文件，它是由其他软件生成的多张单帧图片组成，并带有统一编号的动画文件(如 3ds Max 输出的动画文件)。打开"导入"对话框，找到序列素材文件夹并打开，选中第一张图片文件，勾选导入对话框下方"序列图像"左边的复选框，按"打开"按钮，该序列素材文件会自动导入到项目窗口中，并合成为一个视频动画文件。

(3) 导入新建素材。Premiere Pro CS4 还自带有：彩条、黑场、彩色蒙版、通用倒计时片头、透明视频等影片编辑时需要用到的视频素材。这些自带的视频素材用户可以通过执行菜单栏"文件"→"新建"→"通用倒计时片头…"命令，实现素材导入；也可以在项目窗口空白处点击鼠标右键，执行"新建分项"→"通用倒计时片头…"命令；或直接点击项目窗口底部"新建分项"图标按钮，执行"通用倒计时片头…"命令，弹出"新建通用倒计时片头"对话框，进行必要的参数设置，再按"确定"按钮后即可将自带的视频素材导入到项目窗口中。

3) 素材编辑

下面以"2 倍播放速度快放原素材"为例，详细介绍素材的编辑方法。

(1) 鼠标左键双击项目窗口中的素材"水面微波.avi"，使素材在源监视器窗口中显示。

(2) 在源监视器窗口中单击"播放-停止切换"按钮预览素材(在预览的同时可通过入点和出点的设置为后续将素材头、尾不需要的部分去除做准备，实现对素材的粗剪)，而后单击"插入"按钮将素材需要部分插入到时间线窗口。如果素材不需要进行粗剪，也可直接将素材从项目窗口中拖动至时间线窗口中合适的位置。

注意：默认情况下，素材会被插入到时间线窗口中视频 1 这条轨道上，插入起点为当前时间指针所在的位置。

(3) 在工具面板中选中"选择"工具，并在时间线窗口中需要编辑的素材上单击鼠标右键，从弹出的菜单中选择"速度/持续时间…"命令，打开"素材速度/持续时间"对话框，将速度调整为 200%，如图 3.17 所示，即可实现快放。

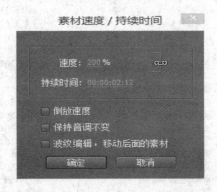

图 3.17　素材速度/持续时间对话框

4) 特效处理

下面以"快速色彩校正"为例，详细介绍特效处理的具体方法。

(1) 在效果面板中，单击"视频特效"左侧的"展开/隐藏"三角形按钮，并在"色彩校正"文件夹中找到视频特效——"快速色彩校正"特效，将其拖放到时间线窗口中的视频素材上。

(2) 打开特效控制面板，单击"快速色彩校正"左侧的展开按钮▶，将"色相角度"这一参数值设为"–50"，如图 3.18 所示。

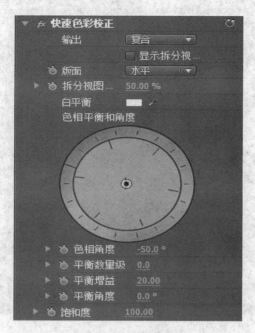

图 3.18 快速色彩校正

5) 字幕制作

(1) 单击菜单命令"字幕"→"新建字幕"→"默认静态字幕…"，打开新建字幕对话框，将其参数设置为：宽 720，高 576，时间基准 25.00 fps，名称为"桂林山水"，如图 3.19 所示，然后单击"确定"打开字幕编辑器窗口，如图 3.20 所示。

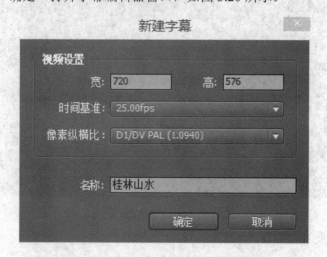

图 3.19 新建字幕对话框

(2) 在字幕窗口中输入"桂林山水"四个字，在其右侧属性栏中将字体大小设置为 60，填充颜色设置为红色(RGB 值分别为 255，0，0)，如图 3.20 所示。输入文字时有可能显示的是乱码，主要原因是字体不对，需在图 3.20 中选择合适的字体显示方式。

图 3.20　字幕编辑器窗口

(3) 关闭字幕编辑器窗口，并在项目窗口中找到新编辑的字幕"桂林山水"，将其拖放到时间线窗口视频 2 这条轨道中"水面微波.avi"的正上方，如图 3.21 所示。

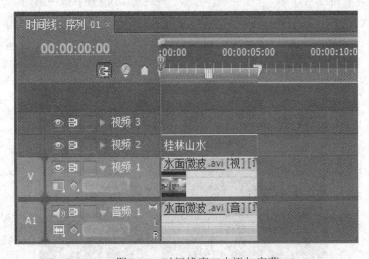

图 3.21　时间线窗口中添加字幕

6) 导出项目文件

(1) 在键盘上按"Enter"键渲染工作区内的效果；

(2) 在项目窗口中选中"序列 01"；

(3) 单击菜单命令"文件"→"导出"→"媒体…"，打开导出设置对话框，将其格式设置为：Microsoft AVI，预置选择为：PAL-DV，输出名称(包括保存路径和名称的设置)：桂林山水序列 01.avi(桌面)，如图 3.22 所示。而后单击"确定"打开"Adobe Media Encoder"，如图 3.23 所示。

图 3.22　导出设置对话框

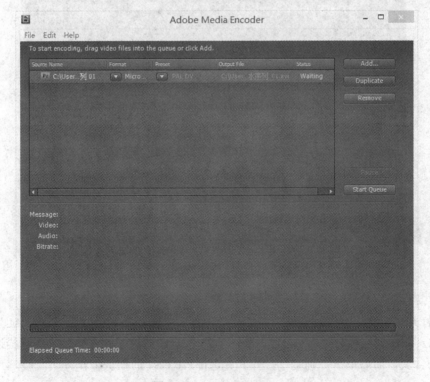

图 3.23　Adobe Media Encoder

(4) 单击 "Start Queue",即可进行视频导出,最终文件为 "桂林山水序列 01.avi"。

2. 实例——自定义工作界面

要求:

- 更改 "效果面板" 为浮动状态,置于整个工作界面上方;
- 关闭 "时间线窗口" 并重新打开该窗口;
- 清除 "项目窗口" 中的 "序列 01",重新新建该序列;
- 将 "历史面板" 和 "节目监视器" 窗口并列放置;
- 将工作界面还原。

(1) 更改 "效果面板" 为浮动状态,置于整个工作界面上方。

① 启动 Premiere Pro CS4 应用程序,在启动界面中选择 "新建项目"。

② 在 "新建项目" 对话框中给新建项目取名为 "自定义工作界面",如图 3.24 所示,然后单击 "确定" 进行新建序列的设置。

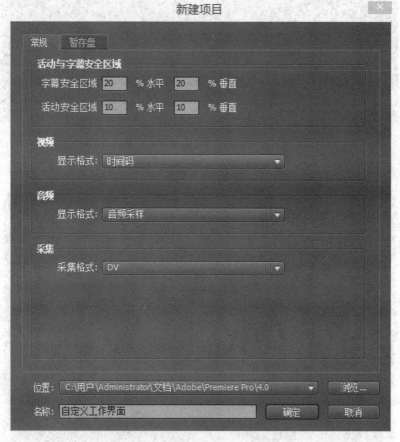

图 3.24　新建项目

③ 打开 "新建序列" 对话框,在 "有效预置" 中选择序列模式为 "DV-PAL" → "标准 48 kHz",序列名称为 "序列 01",如图 3.25 所示,同时了解并熟悉 "预置描述" 中相关参数的含义,而后单击 "确定" 打开 Premiere Pro CS4 的默认工作界面。

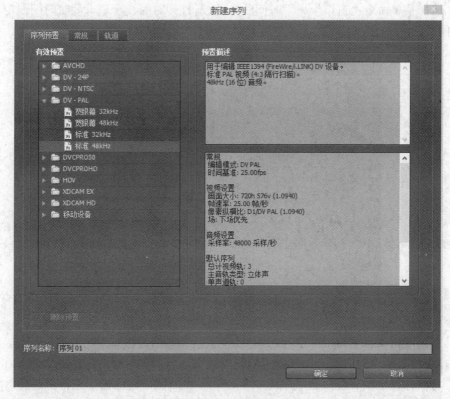

图 3.25　新建序列

④ 激活效果面板，左键单击"媒体浏览/信息/效果/历史"组合面板右侧的下拉菜单按钮 ≡ ，在弹出的子菜单中选择"解除面板停靠"即可。

(2) 关闭时间线窗口并重新打开该窗口。

① 单击"时间线：序列 01"右侧的关闭按钮"×"，如图 3.26 所示；或者打开时间线窗口右上方的下拉菜单，在弹出子菜单中选择"关闭窗口"命令，都可将时间线窗口关闭。

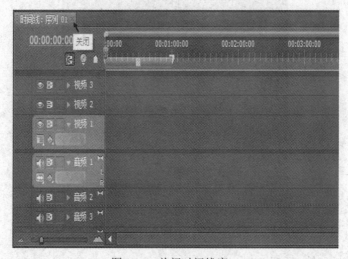

图 3.26　关闭时间线窗口

② 选择菜单命令"窗口"→"时间线",重新打开时间线窗口,此时时间线窗口显示为"时间线:(没有序列)",而无法进行素材编辑,如图 3.27 所示。

图 3.27　重新打开时间线窗口

(3) 清除"项目窗口"中的"序列 01",重新新建该序列。

① 左键双击项目窗口中"序列 01",以便重新在时间线窗口中将此序列打开,此时时间线窗口中将显示"时间线:序列 01"。

② 将鼠标移至项目窗口的"序列 01"上,单击右键,在弹出子菜单中选择 "清除"命令,将"序列 01"清除掉,同时时间线窗口也被关闭。

③ 在项目窗口空白处单击鼠标右键,在弹出子菜单中选择菜单命令"新建分项"→"序列…",重新新建序列,并在新建序列对话框中修改"序列名称"为"序列 01",然后单击"确定"即可新建序列并同时打开时间线窗口。

(4) 将"历史面板"和"节目监视器"窗口并列放置。

① 将鼠标移至历史面板的标题"历史"上,如图 3.28 所示。

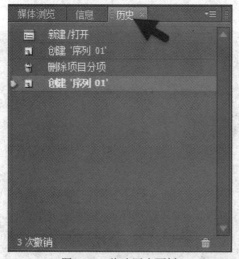

图 3.28　移动历史面板

② 按下左键不放,同时拖动"历史面板"至"节目监视器"窗口旁边,其效果如图

3.29 所示。需要注意的是，鼠标必须移至"节目监视器"窗口的标题栏"节目：序列 01"处，且标题栏颜色由灰色变成浅蓝色时再松开鼠标。

图 3.29 历史面板与节目监视器并列效果

（5）还原工作界面。

执行菜单命令"窗口"→"工作区"→"重置当前工作区…"，即可将工作界面还原成默认状态。

3. 实例——素材的基本编辑

要求：

- 熟悉新建项目过程及导入素材的方法。
- 学会利用源监视器窗口中的相关按钮实现对素材的粗剪，如：入点和出点的设置，"插入"或"覆盖"的应用。
- 熟悉工具面板中各种工具的应用，如"移动工具"和"剃刀工具"。
- 熟悉 "复制"和"粘贴"命令的应用。
- 掌握"三点编辑法"的概念和操作方法。

（1）启动 Premiere Pro CS4 应用程序，在启动界面中选择"新建项目"。

（2）在"新建项目"对话框中给新建项目取名为"素材的基本编辑"并保存于桌面，然后单击"确定"。

（3）在"新建序列"对话框中选择序列模式为"DV-PAL"→"标准 48 kHz"。

（4）执行菜单命令"文件"→"导入…"，导入视频素材和图片"花.jpg"。

（5）在项目窗口中左键双击视频素材"换个角度看重电.mp4"左侧的图标，使其在源监视器窗口中显示。

（6）在源监视器窗口中单击"播放-停止切换"按钮"▶"预览素材，当素材播放至 6 秒左右时暂停播放，并利用"步退"及"步进"使当前时间指针停留在"00:00:05:29"的位置。

（7）单击"设置入点"按钮"{"，而后继续播放视频，并在视频结束点单击"设置出点"按钮"}"。

(8) 在源监视器窗口中单击"插入"(或"覆盖")按钮，将素材插入到时间线窗口视频1上，起始点为 00:00:00:00。默认情况下，素材每次都被插入到视频1这一条轨道上，素材的入点则是插入前当前时间指针所在的位置。

问题：

"插入"和"覆盖"这两个按钮有什么区别呢？

答："插入"是在当前时间指针的位置插入新的视频，而原来其后的素材会移动到新插入素材的后面，"覆盖"是把当前时间指针之后的素材用新的素材覆盖掉。

提升：如何把素材插入到任意轨道的任意位置上(如轨道为视频2，起始点为00:00:10:00)？

首先单击"视频2"，使视频2这条轨道处于被选中状态(再次单击时该轨道将不被选中)，同时单击视频1使该轨道不被选中，并在视频2这条轨道最左侧单击鼠标右键，在弹出子菜单中选择"指派源视频"命令，如图 3.30 所示。接着，在时间线窗口的时间码上单击，直接修改时间为"00:00:10:00"，然后按"Enter"键。最后，在源监视器窗口中单击"覆盖"按钮即可。如该视频轨道上的素材不需要，可在该素材上单击右键，执行子菜单命令"清除"。

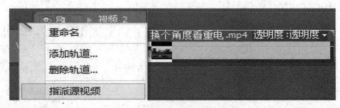

图 3.30　指派源视频

(9) 在视频1的素材上单击鼠标右键，执行子菜单命令"适配为当前画面大小"。

(10) 在时间线窗口中修改时间码为"00:00:10:00"，然后按"Enter"键。

(11) 在工具面板中选择"选择工具"，从项目窗口中将图片素材"花.jpg"拖到视频2这条轨道上，并在素材的起点和当前时间指针对齐时松开鼠标，如图 3.31 所示。

图 3.31　素材移动

(12) 在时间线窗口中将当前时间指针调整到(00:01:55:00)的位置，并在工具面板中选择"剃刀工具"，当"剃刀工具"和当前时间指针对齐时按下鼠标左键，即可将素材分割成两段。

(13) 将工具换成"选择工具",并在视频 1 的后一段素材上单击鼠标右键,执行子菜单命令"复制"。

(14) 只选中视频 3 这条轨道,并将当前时间指针调整到 12 秒的位置,执行菜单命令"编辑"→"粘贴",即可实现复制、粘贴的功能,最终素材叠放效果如图 3.32 所示。

图 3.32 素材基本编辑效果

注意:

三点编辑法和四点编辑法是 Premiere Pro CS4 素材编辑时常用的两种方法。三点指的是素材的入点和出点的个数,即在节目监视器窗口和素材源监视器窗口中共标记三个点,这三个点可以是两个入点和一个出点,也可以是两个出点和一个入点,而四点编辑法就是在节目监视器窗口和素材源监视器窗口中共标记四个点:两个入点和两个出点。然后按照不同的方法将素材插入到时间线窗口中。

如本例中的第(7)、(8)步就是三点编辑法的典型应用:在素材源监视器窗口中设置了一个入点和一个出点,而在节目监视器窗口中貌似没有设置任何点,实质上节目监视器窗口中的入点和时间线窗口中当前时间指针所在的点为同一个点,所以采用的是"两个入点和一个出点"的三点编辑法。

22 三点编辑和四点编辑

任务3 视频特效

学习目标

※ 熟练应用特效控制面板添加关键帧,了解基础动画效果。

※ 了解效果面板,熟悉视频特效的添加及应用。

※ 熟悉视频转场特效的添加及参数的修改。

具体任务

1. 视频特效简介

2. 实例——创建位移动画、缩放动画及旋转动画

3. 实例——望远镜效果制作

4. 实例——马赛克特效

5. 实例——视频切换特效的添加

任务详解

1. 视频特效简介

为改善原始素材的视觉效果，在视频编辑的过程中往往需要为其添加大量的视频特效。Premiere 软件提供了丰富的视频特效，应用这些特效可以对画面的色调、亮度、饱和度进行调节，也可以产生模糊与锐化、扭曲和缩放等神奇效果，还可以通过关键帧的设置使特效产生动画效果。

在 Premiere 软件的效果面板中，系统提供了 18 种类型的视频特效，用户可以非常方便地在该面板中查找、预置和重命名特效。

1) 查找视频特效

效果面板的上方有搜索工具栏，在该工具栏中输入需要查找的视频特效名称，如"自动"，则系统会自动筛选出所有名称中带"自动"二字的特效。

2) 复制和粘贴视频特效

在 Premiere Pro CS4 中，用户不仅可以直接为素材添加内置的特效，还可以通过复制、粘贴属性的方法将已经设置好参数的特效应用于同一项目的其他素材，具体操作方法为：首先，选中已经设置视频特效的素材，单击右键，选择"复制"；然后，选择需要粘贴该特效的其他素材，单击右键，选择"粘贴属性"即可。如果在操作过程中，需要一次性将某一特效应用于多个素材上，则可以在按下"Shift"键的同时，逐一选中需要添加特效的所有素材，然后再用复制、粘贴属性的方法为多段素材同时添加特效。

3) 预置视频特效

通过复制、粘贴属性的方法可以将已经设置好参数的某一特效应用于不同的素材上，但是这种方法局限于一个项目中，而且项目一旦关闭，原先已经复制的特效也会失效。要想使已经设置好各项参数的特效应用于不同项目中，则可以通过预置视频特效的方法实现。这些特效被放置在效果面板里的"预置"文件夹中，方便以后直接调用，从而节省设置参数的时间。

(1) 使用预置特效：点击"预置"文件夹前的小三角形按钮，展开其子文件夹，再展开"曝光过度"子文件夹，与"视频特效"一样，选择"曝光入"效果，将其拖曳到时间线窗口中某一段素材上释放即可。打开"特效控制台"面板，在右侧的时间线缩略图中，可以看到该特效是包括关键帧的预置特效。将时间线滑块拖曳到这段素材上，点击节目视窗中的"播放"按钮，就可以看到添加了"曝光入"预置特效素材的画面效果。

(2) 保存预置特效：预置特效实际上是将设置好的效果保存起来，以便在需要的时候调用，这样就避免了繁琐的参数设置过程。

① 添加效果：在"效果"面板中，选择"视频特效"→"扭曲"→"弯曲"效果，并将其拖曳到时间线窗口中某一段素材上释放。

②　设置效果参数：在特效控制面板中，设置"水平强度"为"3"，"水平宽度"为"22"，"垂直宽度"为"39"。

③　为效果设置关键帧：在"特效控制台"面板中，将右侧时间线缩略图中的时间线滑块拖到素材的起点处，展开"弯曲"效果，单击该项目的"水平速率"栏前的"切换动画"按钮，在右侧的时间线缩略图中的时间线上产生一个关键帧标记，记录下此时的关键帧参数值。将时间线滑块向右移 1 秒时间，然后将"水平速率"参数值设置为"1"，在时间线上自动添加一个关键帧标记，并记录下此时关键帧参数值。

④　保持效果：右键点击"弯曲"效果，在弹出的菜单中点击"保存预置…"命令，弹出"保存预置"对话框，设置好特效的名称(弯曲)、类型(比例)和注释说明后，点击"确定"按钮，关闭对话框。

⑤　查看效果：展开"效果"面板中的"预置"文件夹，可以看到刚才保存的"弯曲"效果在其中，以后在编辑过程中如果需要这种类型的"弯曲"效果，就可以将它直接添加到素材上，不需再设置参数值，节省了设置参数的时间。

4) 视频特效

Premiere Pro CS4 软件提供了 18 大类视频特效，每一类效果中又包含多种不同的个性化特效，极大地丰富了 Premiere 软件的表现形式，可以使用户随心所欲地制作各种奇特的视觉效果。下面按照效果面板中的显示顺序，对常用特效作简要介绍。

(1) GPU 特效：GPU 特效包含 3 种不同的特效，分别是卷页特效、折射特效和波纹(圆形)特效。

· 卷页特效以一点为中心，使单个素材呈现类似卷页转场的效果，将素材卷页。

· 折射特效主要为素材添加折射效果。

· 波纹(圆形)特效可为素材表面添加水面波纹效果。

(2) 变换特效：变换类视频特效包括 8 种不同的特效，这些特效主要通过对图像位置、方向和距离等的调节，使画面产生某种变形效果，如画面翻转、裁剪、二维和三维效果。

· 垂直保持特效：添加该特效可使素材画面在垂直方向上滚动。

· 垂直翻转特效：该特效可使画面上下翻转 180 度，素材播放顺序不变。

· 摄像机视图特效：该特效通过对相关参数的设置，模仿摄像机从不同角度拍摄画面的效果。主要参数有经度(类似于在水平方向上移动摄像机，使素材好像在垂直旋转)、纬度(类似于在垂直方向上移动摄像机，使素材好像在水平旋转)、垂直滚动(类似于转动摄像机，使素材好像在平面旋转)、焦距(类似于改变摄像机镜头焦距)、距离(指定摄像机到画面中心的距离)、缩放(放大或缩小画面)。

· 水平保持特效：可通过修改偏移量调整画面倾斜效果。

· 水平翻转特效：可将画面左右翻转 180°。

· 滚动特效：可使画面进行上、下、左、右方向滚动。

· 羽化边缘特效：可对素材边缘进行羽化处理，从而产生模糊边缘的效果。

· 裁剪特效：可对图像边缘进行修剪。

(3) 噪波与颗粒特效：噪波与颗粒特效包含 6 种不同的特效，分别是中间值、噪波、噪波 Alpha、噪波 HLS、自动噪波 HLS、蒙尘与刮痕，可用于添加、去除或控制画面中的噪点。

- 中间值特效：可将每个像素的 RGB 值用周围像素的 RGB 平均值来代替，画面效果类似油画。
- 噪波特效：可随机改变整个图像的某些像素值。其中，噪波数量用于表示噪音程度；使用噪波用于随机改变图像像素的 R、G、B 值；剪切用于决定是否让噪音引起像素颜色扭曲，当选择剪切结果值时，即时 100% 的噪音值也可辨认出图像。
- 噪波 Alpha 特效：可设置在 Alpha 通道中的噪波。
- 噪波 HLS 和自动噪波 HLS 特效：可对图像的色度、亮度和饱和度进行噪波设置。
- 蒙尘与刮痕特效：可产生类似烟尘的效果。

(4) 图像控制特效

- 灰度系数校正特效：它是通过调整画面的灰度级别，使图像产生变亮或变暗的效果。与其他视频特效相比，灰度系数校正的调整参数较少，调整方法也比较简单。当降低该特效中灰度系统选项的数值时，图像灰度像素的亮度将提高，反之则会降低灰度像素的亮度。
- 色彩传递特效：该特效的功能是将用户指定的颜色及其相近颜色之外的彩色区域全部变为灰度图像。在实际应用中，通常用于突出画面中主要人物。
- 色彩匹配特效：在图像中的色调分布的区域进行取样，用一个颜色和另一个颜色进行匹配。
- 颜色平衡特效：通过调整图像中的 RGB 值来改变图像色彩。
- 颜色替换特效：用一种颜色以涂色的方式来改变画面中的临近颜色，作出按色彩级别变化的效果。
- 黑白特效：将彩色画面转变成灰度级的黑白图像。

(5) 实用特效：该类特效下只有一种特效，即电影转换特效，它针对的是电影中经常用到的 Cineon 文件格式。

(6) 扭曲特效：扭曲类视频特效可以通过视频的扭曲或变形来创建不同的视觉效果，它们分别是偏移特效、变换特效、弯曲特效、放大特效、旋转特效、波形弯曲特效、球面化特效、紊乱置换特效、边角固定特效、镜像特效及镜头扭曲特效。

- 偏移特效：可以在水平方向和垂直方向上移动素材。
- 变换特效：可创建图像几何变形、倾斜的效果。
- 弯曲特效：可以使画面在水平方向和垂直方向上产生弯曲变形。在该特效设置对话框中，可以选择弯曲变形的波形，调整波形变化速率、强度和移动方向。
- 放大特效：该特效类似放大镜效果，通过调整放大区域的中心位置、放大率、放大区域大小等参数来放大画面中对应区域。
- 旋转特效：使画面产生漩涡效果，越靠近漩涡中心旋转越剧烈。
- 波形弯曲特效：使画面形成波浪效果。
- 球面化特效：该特效可在画面上创建球形凸起或凹陷效果，通过设置半径和球面中心改变球面变形的区域大小。
- 紊乱置换特效：可制作紊乱扭曲效果，使画面看起来更富有动感。
- 边角固定特效：通过调整画面上、下、左、右四个角的位置达到扭曲画面的效果。

· 镜像特效：通过设置反射中心和反射角度这两个参数，确定画面对称轴，使图像以对称轴为中心呈现对称效果。

· 镜头扭曲特效：模拟镜头失真让画面形成凹凸球形效果。

(7) 时间特效：用于模仿时间差值对设置了关键帧的素材可能出现的跳帧和抽帧效果进行设置，分别包括抽帧、时间偏差和重影等视频特效。

· 抽帧：将素材锁定为某一个帧播放的帧速率，并代替素材中指定的帧画面。例如从视频中一定数目的画面中抽取一帧，同时指定帧速率为 8，表示每 8 帧原始图像中选取 1 帧来播放，造成画面间歇的效果。

· 时间偏差：该特效用于改变素材的播放速度。

· 重影：该特效通过融合素材中的不同时间帧，造成画面的重影效果。

(8) 模糊与锐化特效：该类特效包含 10 种特效，主要用于模糊和锐化图像，其中模糊特效可使背景模糊而主体突出，锐化特效则可使边缘不清晰的图像变得清晰。

· 复合模糊：该特效可使图像的部分区域处在正常焦距内非常清晰，而另外的区域则变得模糊。

· 定向模糊：该特效可在图像中形成具有方向性的模糊感，产生片段在运动的效果。在设置效果时，将环绕像素中心平均分布，所以设置方向为 180 度与设置方向为 0 度时效果完全一样。

· 快速模糊：用以指定模糊的快慢程度。

· 摄像机模糊：可用于模仿摄像机调焦时出现的模糊现象，使画面从最清晰连续调整到越来越模糊。该特效常用于片段的开头或结尾，做出调焦的效果。若制作调焦效果，必须设定开始点和结束点的画面，开始点和结束点的画面要分别使用滑块设置模糊程度。

· 残像：可以将当前所播放的帧画面透明地覆盖到前一帧画面上，从而产生重影的效果，但是这一特效只对动态图像像素起作用。

· 消除锯齿：该特效可以对图像中色彩对比度明显的区域进行平均，使画面变得柔和，在从亮到暗的过渡区域加上适当的色彩，使该区域图像变得模糊。

· 通道模糊：通过改变图像中某个颜色通道的模糊程度来达到模糊效果。

· 锐化：可在画面相邻像素之间产生明显的对比效果，使图像更加清晰。在设置锐化值时，数值越大，图像越清晰。

· 非锐化遮罩：该特效可在模糊图像的同时保留边缘，达到清除杂色的效果。

· 高斯模糊：通过高斯运算修改明暗分界点的差值，使图像模糊。

(9) 渲染特效：渲染特效中只包含椭圆一种视频特效，该特效可产生一个椭圆，与原始图像混合后可形成光晕效果。

(10) 生成特效：这类特效包括 12 种视频特效，添加后可在画面上产生神奇的效果。

· 书写：添加后可在画面中模拟画笔绘制图像、书写文字。

· 发光：添加该特效后通过对参数调整，可模拟阳光光照效果。

· 吸色管填充：可以用吸色管选取一种颜色来改变画面的颜色。

· 四色渐变：可创建出 4 种颜色的渐变，使画面呈现混色效果。

· 圆形：可创建圆形区域来重点展现图像中的某些区域。

- 棋盘：模拟网格棋盘效果，创建一个蒙版来作为画面的背景。
- 油漆桶：可在画面中的某些区域应用纯色填充。
- 渐变：可创建线性或放射性渐变。
- 网格：用于创建一个网格形式蒙版，通过叠加形式实现特效。
- 蜂巢图案：通过创建一个类似于蜂巢样式的蒙版来作为画面的背景。
- 镜头光晕：用于在画面上创建闪光灯效果，形成光晕。
- 闪电：可为素材添加闪电效果，该特效的主要参数有 Star/End Point (闪电开始点和结束点)、Segments(闪电分段数)和 Amplitude(闪电波动幅度)。

(11) 色彩校正特效：该类特效主要通过对明度、亮度和饱和度等参数的调节来改变画面的颜色。

- RGB 曲线：通过调整 RGB 曲线的方式改变 RGB 值从而实现颜色的调整。
- RGB 色彩校正：通过调整 RGB 值来改变图像颜色。
- 三路色彩校正：利用 3 个调色盘来调整图像色彩。
- 亮度与对比度：通过调整亮度和对比度来改变画面的效果。
- 亮度曲线：通过调整亮度波形曲线来改变画面的亮度。
- 亮度校正：用于调整素材的亮度值。
- 广播级色彩：可校正广播级别的色彩，使画面适合在电视上播放。
- 快速色彩校正：通过旋转色相环快速调整图像颜色。
- 更改颜色：可将画面中的指定颜色更改为其他颜色。
- 着色：通过将不同颜色映射到黑色和白色来改变画面的颜色。
- 脱色：用以保留图像中的某一指定颜色，也可以将图像转换成灰度图。
- 色彩均化：对画面中的像素值进行平均处理。
- 色彩平衡：通过调整 RGB 颜色的分配比例，改变整个画面的明暗程度。
- 色彩平衡(HLS)：通过调整图像的明度、色相和饱和度来改变图像色彩效果。
- 视频限幅器：可以限定校正的颜色处于图像的特定范围内。
- 转换颜色：可以使画面中的一种颜色转换成另一种颜色。
- 通道混合器：可用几个颜色通道的合成值来改变某一个颜色通道的值。

(12) 视频特效：它只有时间码一种特效，可用于在素材上显示时间码。

(13) 调整特效：该类特效主要通过对色阶、亮度及对比度等参数的调整，来改变图像的颜色信息，可用于修复原始素材的偏色或者曝光不足等方面的缺陷，也可以通过调整颜色或者亮度来制作特殊的色彩效果。

- 卷积内核：根据提供的数据模式进行卷积内核运算，计算每个像素周围像素的值，从而改变画面的效果。
- 基本信号控制：通过对亮度、色相、饱和度和对比度等参数的调节来更改画面颜色。
- 提取：该特效可将彩色图像转换成灰度图，而且还可在"提取设置"对话框中对灰度级别进行设置，用于创建胶片效果。
- 照明效果：该特效可模拟点光源、全光源及平行光，创建各种颜色和光强的灯光效果。
- 自动对比度：通过自动调整图像的对比度，来改变素材由于曝光不足等原因导致的画面偏暗现象。

• 自动色阶：自动调整画面中的黑色和白色的比例，并将每种颜色中最亮和最暗的部分分别映射到纯黑和纯白。

• 自动颜色：该特效的主要参数与自动色阶相同，主要用来弥补画面色彩方面的不足。

• 色阶：通过综合调整对比度、亮度和色彩平衡等参数，或利用"色阶设置"对话框，对 R、G、B 和 RGB 通道进行色阶设置，来改变画面颜色。

• 阴影/高光：通过调整阴影数量和高光数量来解决图像逆光问题，使阴影区域变亮。

(14) 过渡特效：该类特效主要是通过关键帧的设置，制作类似视频转场特效的效果。在设置过渡类特效时，首先需要在时间线窗口的轨道 1 和轨道 2 上都插入素材，然后在轨道 2 的素材上添加过渡开始和过渡结束两个关键帧，这样随着时间的变化就会出现过渡效果。

• 块溶解：通过过渡开始和过渡结束两个关键帧的设置，利用溶解的方式实现素材 1 与素材 2 的过渡。

• 径向擦除：以时钟方式擦除，实现素材 1 与素材 2 的过渡。

• 渐变擦除：以渐变的方式叠加两个轨道上的素材。

• 百叶窗：以百叶窗的形式逐渐擦除，实现素材 1 与素材 2 的过渡。

• 线性擦除：以线性擦除的方式将两个轨道上的素材进行叠加。

(15) 透视特效：该类特效可为图像添加透视效果。

• 基本 3D：可在一个虚拟三维空间中显示图像素材，通过旋转、倾斜等参数设置使平面图像立体化。

• 径向放射阴影：在图像的 Alpha 通道上创建阴影。

• 斜角边：为图像边缘设置三维立体效果，边缘形状为矩形，位置由 Alpha 通道决定。如果某图像带有非矩形 Alpha 通道，应用该特效后则无法正确显示对应效果，因为所有边缘都具有相同厚度。

• 斜边 Alpha：可为图像的 Alpha 边界设置一种立体效果。

• 阴影(投影)：可在图像后面形成阴影效果。

(16) 通道特效：这类特效主要通过改变通道属性来实现画面特殊效果。

• 反向：可将画面颜色变成相反的颜色，如红色变成绿色，白色变成黑色。

• 固态合成：可将某一特定颜色覆盖到素材上，形成颜色填充效果。

• 复合运算：以数学的方式合成指定图层。

• 混合：通过不同混合模式将两个图层混合在一起。

• 算术：通过修改素材的 R、G、B 值以及选择不同的运算方式来改变颜色。

• 计算：通过使用素材通道实现将不同轨道上的素材混合在一起。

• 设置遮罩：以设置蒙版的方式混合不同素材，创建带有遮罩的运动效果。

(17) 键控特效：这类特效常用于将画面中某种颜色范围的区域透明化，将它从画面中抠去，从而使背景层透出来，形成多画面叠加的神奇效果。

• 16 点无用信号遮罩：16 点无用信号遮罩、4 点无用信号遮罩与 8 点无用信号遮罩都属于同种类型的视频特效，主要用于去除在图像叠加过程中不需要的区域，而去除的方式就是通过创建一个蒙版来扫除，其中蒙版有 16 个点、4 个点和 8 个点之分。

• Alpha 调整：可以对包含 Alpha 通道的图像创建透明效果。

- RGB 差异键：通过设置颜色的 RGB 范围，去除范围内的区域。
- 亮度键：可以将叠加图像中的灰阶设置为透明，从而去除图像中较暗的区域。
- 图像遮罩键：常用来创建静帧图像的透明效果。
- 差异遮罩：主要用于去除两个图像的相同部分，保留不同部分。
- 移除遮罩：用于将蒙版中的黑色或白色区域去除。
- 色度键：可以将选择的颜色对应区域变为透明并调整相似颜色的透明度。
- 蓝屏键：主要用于去除蓝色背景。
- 轨道遮罩键：是把当前素材上方轨道的图像或者影片作为透明用的 Matte(遮罩)，可以使用任何素材片断或者静止图像作为 Track Matte(轨道遮罩)，同时又使一个图像素材在蒙版区域内显示。下面以字幕遮罩为例介绍轨道遮罩键的使用方法：首先，在字幕编辑器窗口中画一个需要的遮罩形状；然后，导入视频素材放在下层视频轨道(如放在第 2 轨道)，将新建遮罩形状文件导入于上层视频轨道(如放在第 3 轨道)；接着，给视频素材添加遮罩特效；最后，打开特效控制面板，展开遮罩选项，在"遮罩"中选视频 3，合成方式选 Alpha 遮罩，同时修改素材透明度的混合模式为正片叠底。
- 非红色键：其作用与蓝屏键类似，用于去除非红色的绿色和蓝色背景。
- 颜色键：作用与色度键相似，常用来去除选择的颜色区域。

(18) 风格化特效：这类特效常用来模拟一些艺术书法创造奇特的视频效果。

- Alpha 辉光：该特效可以在 Alpha 通道指定的区域边缘产生一种颜色逐渐衰减或向另一种颜色过渡的效果，但是它只对具有 Alpha 通道的画面起作用。
- 复制：可将画面进行复制并同时在屏幕上显示。
- 彩色浮雕：通过锐化的方式形成边缘起伏的效果，同时不会改变原始图像中的颜色。
- 招贴画：通过减少红、绿、蓝通道中亮度和色调的级别来改变画面效果。
- 曝光过度：可将画面沿着正、反两个方向进行混色，通过调整滑块选择混色的颜色，产生类似曝光效果。
- 查找边缘：将图像边缘勾画出来，使画面呈现素描图像的效果。
- 浮雕：根据当前画面的色彩走向将色彩淡化，用灰度级来刻画画面，形成边缘起伏的浮雕效果。
- 画笔描绘：用以创建一种画笔画出边缘的效果。
- 纹理材质：可使画面看上去好像带有其他素材的纹理。
- 边缘粗糙：可使图像的边缘变得粗糙并出现腐蚀的效果。
- 闪光灯：以一定的周期或随机地对素材进行算术运算，模拟闪光灯开启的效果。
- 阈值：通过色阶对阈值色阶的调整，实现将彩色图像转变为黑色图像。
- 马赛克：按照画面出现颜色的层次，采用马赛克镶嵌图案代替原始画面中的图像。

2. 实例——创建位移动画、缩放动画及旋转动画

要求：

- *图片按照由"画面中心"→"左上角"→"右上角"→"右下角"→"左下角"→"画面中心"的路径移动。*
- *制作缩放动画，其缩放比例由"100%"变化到"50%"再变化到"100%"。*

- 制作旋转动画，其旋转角度由"0度"变化到"180度"。
- 在此基础上，学会制作"圆形"及"心形"路径位移动画。

(1) 启动 Premiere Pro CS4 应用程序，在启动界面中选择"新建项目"。

(2) 在"新建项目"对话框中为该项目取名为"动画创建"并设置保存路径，然后单击"确定"。

(3) 在"新建序列"对话框中选择序列模式为"DV-PAL"→"标准 48 kHz"。

(4) 执行菜单命令"文件"→"导入…"，导入图片"花.jpg"。

(5) 将素材从项目窗口拖放到时间线窗口，入点为 00:00:00:00，同时选中素材。

(6) 打开特效控制面板，单击"运动"最左侧的"▼"展开按钮，展开后可看到运动效果相关参数：位置、缩放比例、旋转、定位点及抗闪烁过滤等。

(7) 在时间线窗口中将当前时间指针移动到 00:00:00:00，然后在特效控制面板中单击"位置"左侧的切换动画按钮 ，生成第一个位移关键帧。

23 花

(8) 移动当前时间指针到 00:00:01:00，并在特效控制面板中将"位置"设置为(180.0,144.0)，如图 3.33 所示，然后按回车键确认。

图 3.33 位置参数设置

(9) 移动当前时间指针到 00:00:02:00，并在特效控制面板中将"位置"设置为(540.0,144.0)，并按回车键确认。

(10) 移动当前时间指针到 00:00:03:00，并在特效控制面板中将"位置"设置为(540.0,432.0)，然后按回车键确认。

(11) 移动当前时间指针到 00:00:04:00，并在特效控制面板中将"位置"设置为(180.0,432.0)，然后按回车键确认。

(12) 移动当前时间指针到 00:00:05:00，并在特效控制面板中将"位置"设置为(360.0,288.0)，并按回车键确认，这时即可在节目监视器窗口中点击播放/停止按钮▶预览位置移动效果。

(13) 移动当前时间指针到 00:00:00:00，并在特效控制面板中单击"缩放比例"左侧的切换动画按钮 ，将其值设置为 100.0，生成第一个缩放动画关键帧。

(14) 移动当前时间指针到 00:00:01:00，将缩放比例调整为 50.0，添加第二个缩放动画关键帧。

(15) 移动当前时间指针到 00:00:04:00，单击"缩放比例"右侧的"添加/移除关键帧"按钮 ，添加第三个缩放动画关键帧。

(16) 移动当前时间指针到 00:00:05:00，将缩放比例调整为 100.0，添加第四个缩放动画关键帧，然后在节目监视器窗口中点击播放/停止按钮"▶"预览动画效果。

(17) 移动当前时间指针到 00:00:00:00，并在特效控制面板中单击"旋转"左侧的切换动画按钮 ，即可生成对应关键帧。

(18) 移动当前时间指针到 00:00:05:00，将旋转参数值调整为 360.0，参数值被修改后系统自动添加一个关键帧，关键帧的设置如图 3.34 所示。

24　动画效果图

图 3.34　关键帧设置参考图

注意：关键帧在添加或删除过程中，可利用"添加/移除关键帧"前后的"跳转到前一关键帧"和"跳转到后一关键帧"实现关键帧的快速定位。

3. 实例——望远镜效果制作

要求：

· 熟悉彩色蒙版的应用。

· 掌握为素材添加视频特效的方法，本例中主要用到了照明效果、颜色键及放大等特效。

· 掌握在特效控制面板中为特效添加并修改关键帧的方法。

(1) 启动 Premiere Pro CS4 应用程序，在启动界面中选择"新建项目"。

(2) 在"新建项目"对话框中为该项目取名为"望远镜效果制作"并设置保存路径，然后单击"确定"。

(3) 在"新建序列"对话框中选择序列模式为"DV-PAL"→

25　三角梅

"标准 48 kHz"。

(4) 执行菜单命令"文件"→"导入…",导入图片"三角梅.png"。

(5) 将素材从项目窗口拖放到时间线窗口的视频 1 轨道上,入点为 00:00:00:00。

(6) 调整素材播放时间为 10 秒,具体操作方法是:在素材上单击右键,选择菜单命令"速度/持续时间…",再在"素材速度/持续时间"对话框中将持续时间值修改为 00:00:10:00。

(7) 移动当前时间指针到 00:00:03:00,在工具面板中选择剃刀工具于当前时间指针处将素材分为前后两段。

(8) 执行菜单命令"文件"→"新建"→"彩色蒙版…",在弹出的"新建彩色蒙版"对话框中将参数"时间基准"修改为:25.00 fps,如图 3.35 所示。接着在随后弹出的"颜色拾取"对话框中,选择彩色蒙版的颜色为白色,然后单击"确定",即可在项目窗口中新建对应彩色蒙版。

图 3.35 新建彩色蒙版对话框

(9) 在工具面板中选择"选择工具",将彩色蒙版从项目窗口拖放到时间线窗口的视频 2 轨道上,与后一段素材重叠,如图 3.36 所示。

图 3.36 素材叠放

(10) 在效果面板中找到"照明效果":"视频特效"→"调整"→"照明效果",将其拖放到视频 2 的彩色蒙版上。

(11) 打开特效控制面板,展开"照明效果",利用光照 1 和光照 2 制作望远镜镜头,具体参数设置为:光照 1(灯光类型为点光源;中心为 224.0, 288.0;主要半径和次要半径都为 20.0;聚焦为 100.0;环境照明强度为 0.0,其他默认不变)、光照 2(灯光类型为点光源;中心为 500.0, 288.0;主要半径和次要半径都为 20.0;聚焦为 100.0;环境照明强度为 0.0,其他默认不变),参数设置如图 3.37 所示,望远镜镜头初步效果如图 3.38 所示。

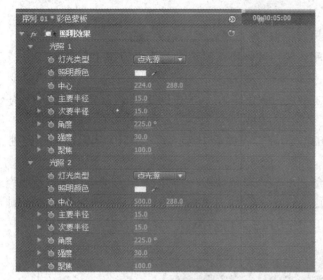

图 3.37 照明效果参数设置   图 3.38 望远镜镜头初步效果

(11) 在效果面板中找到"颜色键"特效：视频特效→键控→颜色键，将其拖放到彩色蒙版上。

(12) 在特效控制面板中展开"颜色键"，其参数设置如下：主要颜色为白色，颜色宽容度为 70，薄化边缘为 5，羽化边缘为 10.0。设置后可在节目监视器窗口中预览其效果，如图 3.39 所示。

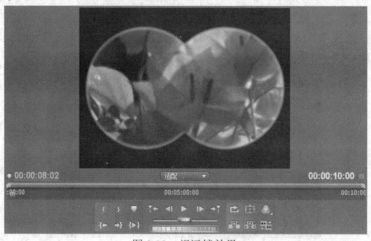

图 3.39 望远镜效果

(13) 在效果面板中找到"放大"特效："视频特效"→"扭曲"→"放大"，将其拖放到视频轨道 1 的素材 2 上，并将当前时间指针移动到 3 秒的位置，即 00:00:03:00。

(14) 在特效控制面板中展开"放大"特效，将"放大率"改为 100.0，然后单击"放大率"前的切换动画按钮创建第一个关键帧；移动当前时间指针到 8 秒的位置，再将放大率设置为 300.0，按"Enter"键创建第二个关键帧。然后，将"居中"设置为(830.0，307.0)，"大小"设置为 500.0，这样即可实现望远镜调焦过程。

注意：在添加特效时，一段素材最多可添加五种特效，且不同特效添加的先后顺序不同，素材最终的效果也不同。

4. 实例——马赛克特效

要求：

- 了解马赛克视频特效。
- 掌握添加马赛克视频特效的方法，并在素材左下角的花朵上添加马赛克视频特效。

(1) 启动 Premiere Pro CS4 应用程序，在启动界面中选择"新建项目"。

(2) 在"新建项目"对话框中为该项目取名为"马赛克视频特效"并设置保存路径，然后单击"确定"。

(3) 在"新建序列"对话框中选择序列模式为"DV-PAL"→"标准 48 kHz"。

(4) 执行菜单命令"文件"→"导入…"，导入图片"三角梅.png"。

(5) 将素材从项目窗口拖放到时间线窗口的视频轨道 1 上，入点为 00:00:00:00。

(6) 将视频轨道 1 上的素材复制并粘贴到视频轨道 2 上，视频轨道 2 上的素材位于其正上方。

(7) 在效果面板中找到"马赛克"特效："视频特效"→"风格化"→"马赛克"，将其拖放到视频轨道 2 的素材上。

(8) 选中视频轨道 2 上的素材，打开特效控制面板，将相关参数作如下修改：缩放比例(20.0)，位置(82.0，437.0)，其效果如图 3.40 所示。

图 3.40　马赛克效果

问题：

(1) 如何在一个画面上同时添加多处马赛克特效？

(2) 当要遮挡的对象为运动物体时，如何实现马赛克特效与运动物体的同步移动？

5. 实例——视频切换特效的添加

要求：

- 熟悉视频切换特效的添加。
- 在静态图片上添加"立方体旋转"视频切换特效。
- 设置"立方体旋转"视频切换特效的持续时间为两秒，旋转方向为从西向东。
- 结合特效控制面板中的固定效果，模拟立方体旋转。

(1) 启动 Premiere Pro CS4 应用程序，在启动界面中选择"新建项目"。

(2) 在"新建项目"对话框中为该项目取名为"立方体旋转切换特效"并设置保存路径，然后单击"确定"。

(3) 在"新建序列"对话框中选择序列模式为"DV-PAL"→"标准 48 kHz"。

(4) 执行菜单命令"文件"→"导入…"，导入图片"桂林山水.jpg"、"蓝天白云.jpg"、"花.jpg"和"丰田.jpg"。

(5) 依次将上述素材拖放到时间线窗口视频轨道 1 上，素材首尾相连且第一张素材的入点为 0 秒。

(6) 选中所有素材，并在任意素材上单击右键，选择"适配为当前画面大小"调整画面尺寸。

(7) 选中第一张素材"桂林山水.jpg"，打开特效控制面板，将其缩放高度修改为 60.0，缩放宽度为 102.0。

(8) 在效果面板中找到"立方体旋转"视频切换特效："视频切换"→"3D 运动"→"立方体旋转"，将其拖放到第一张素材和第二张素材连接处。

(9) 鼠标左键双击"立方体旋转"视频切换特效，将其持续时间改为 00:00:02:00(即两秒)，如图 3.41 所示。

图 3.41　立方体旋转视频切换效果

(10) 将当前时间指针移动到 00:00:04:02，鼠标单击第一张素材"桂林山水.jpg"，打开特效控制面板，单击"缩放高度"左侧的"切换动画"按钮为其创建第一个关键帧；然后选中第二张素材"蓝天白云.jpg"，打开特效控制面板，单击"缩放高度"左侧的"切换动画"按钮为该素材创建第二个关键帧，并将缩放高度调整为 45.0，缩放宽度不变。

(11) 将当前时间指针移动到 00:00:06:00，鼠标单击第一张素材"桂林山水.jpg"，打开特效控制面板，将缩放高度调整为 50.0(数值修改后系统将自动为其添加一个关键帧)；然后选中第二张素材"蓝天白云.jpg"，在特效控制面板中将缩放高度调整为 80.0。

(12) 在效果面板中找到"立方体旋转"视频切换特效，将其拖放到第二张素材和第三张素材连接处，并将其持续时间修改为两秒钟。

(13) 将当前时间指针移动到 00:00:09:03，选中第二张素材，并在特效控制面板中单击"缩放高度"最右侧的"添加/移除关键帧"按钮，为该素材添加第三个关键帧(缩放高度值不需要修改)。

(14) 选择第三张素材"花.jpg"，单击"缩放高度"左侧的"切换动画"按钮添加关键帧，并将缩放高度调整为49.0。

(15) 将当前时间指针移动到 00:00:11:01，选中第二张素材，在特效控制面板中将缩放高度调整为52.0；然后选中第三张素材，将缩放高度调整为73.0。

(16) 在效果面板中找到"立方体旋转"视频切换特效，将其拖放到第三张素材和第四张素材连接处，并将其持续时间修改为两秒钟。

(17) 将当前时间指针移动到 00:00:14:04，选中第三张素材，并在特效控制面板中单击"缩放高度"最右侧的"添加/移除关键帧"按钮，为该素材添加第三个关键帧。

(18) 选择第四张素材"丰田.jpg"，单击"缩放高度"左侧的"切换动画"按钮添加关键帧，并将缩放高度调整为50.0。

26 立方体旋转切换效果

(19) 将当前时间指针移动到 00:00:16:02，选中第三张素材，在特效控制面板中将缩放高度调整为52.0；然后选中第三张素材，将缩放高度调整为73.0，至此立方体旋转效果完成。

任务4 字幕及音频特性

学习目标

※ 熟悉字幕编辑器窗口工具栏的基本操作和作用。
※ 掌握简单字幕的制作方法。
※ 掌握运动字幕的制作方法。
※ 掌握音频特效的运用。

具体任务

1. 字幕编辑器窗口简介
2. 实例——制作逐字打出的效果
3. 实例——画轴卷动效果制作
4. 实例——通用倒计时片头制作
5. 实例——制作超重低音效果

任务详解

1. 字幕编辑器窗口简介

1) 字幕编辑器窗口的作用

字幕作为影片的视觉元素、符号信息，在影视作品中发挥着不可替代的作用。它主要用于为影片中的人物对话配上文字、注解，为影片片头加上标题，在影片片尾加上主创人员及单位的相关信息，同时也可用它创建自己需要的图文。字幕丰富了视觉感观，较画面而言，更为直观地将信息传达给了观众，对影片的主题既是点睛之笔，又起到了深化画面主题的作用。如果字幕能和图像完美地结合起来，就能大大提高影视作品的可读性。同时，它作为一种构图元素，还可以美化屏幕，突出视觉效果。

在传统的专业影视制作中，字幕需要由专门的字幕机来完成，而 Premiere Pro CS4 非线性编辑软件则可以通过其自带的字幕编辑器窗口来完成字幕的编辑制作。

2) 字幕编辑器窗口的介绍

在 Premiere Pro CS4 中，所有字幕编辑都是在字幕编辑器窗口中完成的，可以以多种不同方式从 Premiere Pro CS4 主界面进入字幕编辑器窗口。

(1) 执行菜单命令"字幕"→"新建字幕"→"默认静态字幕…"，打开"新建字幕"对话框，当在此对话框中设置好相关参数后单击"确定"即可打开字幕编辑器窗口。

(2) 执行菜单命令"窗口"→"字幕设计器"(此时字幕工具为灰色，不可操作)，然后再单击字幕编辑器窗口中上方的"基于当前字幕新建字幕按钮" ，打开"新建字幕"对话框，设置相关参数后单击"确定"，便可激活字幕编辑器窗口。

(3) 在项目窗口空白处单击鼠标右键，执行命令"新建分项"→"字幕"也可打开"新建字幕"对话框。

(4) 执行菜单命令"文件"→"新建"→"字幕"，同样可打开"新建字幕"对话框。

字幕编辑器窗口如图 3.42 所示，主要包括：字幕制作工具栏、字幕样式栏、字幕属性设置栏和字幕输入窗口等。下面详细介绍字幕制作工具栏各项工具的用途。

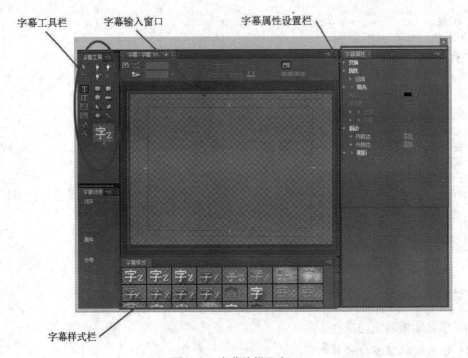

图 3.42 字幕编辑器窗口

• 选择工具 ＼：用于选择文字，选择后可移动或调整文字的大小、位置及属性等，配合 Shift 键可以选择多个对象。

• 旋转工具 ：用于文字或图形的旋转。

• 文字工具 ：表示将沿着水平方向创建文字。

• 垂直文字工具 ：表示将沿着垂直方向创建文字。

• 文本框工具和垂直文本框工具 ：用于在工作区域中输入多行水平文字或竖向文字。

• 路径输入工具和垂直路径输入工具 ：前者表示输入沿路径弯曲且平行于路径的文字，而后者则表示输入沿路径弯曲且垂直于路径的文字。使用该工具创建路径文字时，先选择"路径输入工具"，然后将鼠标移至字幕输入窗口单击以形成锚点，默认情况下锚点与锚点之间以直线段连接形成路径，路径设置好后再次单击该工具即可输入文字。如果想要设置的路径为曲线，则可在锚点形成路径后，选择"转换定位点工具"，并将该工具移至锚点附近，然后按下鼠标左键拖动则可形成曲线。"垂直路径输入工具"的操作方法和"路径输入工具"相同。

• 钢笔工具 ：用于调整水平路径工具和垂直路径工具在使用时设定的定位锚点的位置，单击钢笔工具后将光标移动到设置的路径处即可对锚点进行调整。

• ：依次用于创建矩形、圆角矩形、切角矩形、圆矩形、三角形、圆弧、椭圆和直线等。

3) 字幕的保存及导出

新建字幕后，在字幕窗口中，字幕文件被当做一种素材文件(.prtl 文件)自动添加到项目窗口。另外，字幕在创建过程中不需要保存，系统每隔一定时间会对字幕进行保存。字幕创建好后，用户可以将其从项目窗口插入到时间线窗口对它进行编辑。在项目窗口中自动添加的字幕只能在同一项目中使用，如果想用于其他项目，可以将字幕导出为单独的文件，再将该文件以素材的形式导入到其他项目中。

导出字幕的操作方法为：首先在项目窗口中选中该字幕，然后执行菜单命令"文件"→"导出"→"字幕…"即可打开保存字幕对话框进行保存。

2. 实例——制作逐字打出的效果

要求：

• 熟悉字幕工具的应用。

• 会对字幕进行属性设置，如：文字字体、字号、颜色渐变及阴影等。

• 会对字幕添加视频特效，并利用"线性擦除"特效或"裁剪"特效制作逐字打出效果。

• 进一步熟悉关键帧的添加和应用。

(1) 新建项目，名称为 "逐字打出字幕效果"。

(2) 选择序列模式为"DV-PAL"→"标准 48 kHz"。

(3) 导入素材"蓝天白云.jpg"，将其拖放到视频 1 轨道上，素材入点为 00:00:00:00。在素材上单击右键，在弹出菜单中选择将画面"适配为当前画面大小"。

(4) 执行菜单命令"字幕"→"新建字幕"→"默认静态字幕",打开"新建字幕"对话框,将参数设置为:宽,720;高,576;时间基准,25.00pfs;字幕名称为"字幕 01"。设置好后单击"确定"即可打开字幕编辑器窗口。

(5) 在字幕窗口的工具栏中选择"文字工具",在字幕输入窗口输入文字"蓝天白云"。利用"选择工具"选中输入文字(选中后文字周围将出现边框和 8 个定位点),在字幕属性栏中进行相关属性设置:字体为 STCaiyun,字体大小为 100,字距为 5,填充类型为实色,色彩为从黄色渐变到红色,最后添加阴影效果,相关参数设置见图 3.43 所示。

颜色渐变具体操作方法为:先选"填充类型"为线性渐变;然后选中"色彩"右侧的第一个正方形色块 ，单击"色彩到色彩"项右侧的拾色器,在"颜色拾取"对话框中选择黄色;接着选中"色彩"右侧的第二个正方形色块 ，单击"色彩到色彩"项右侧的拾色器,在"颜色拾取"对话框中选择红色即可实现颜色渐变 。

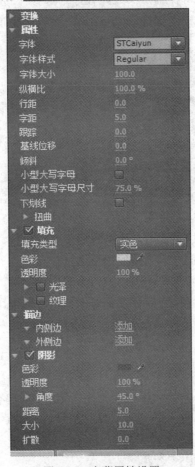

图 3.43　字幕属性设置

(6) 关闭字幕编辑器窗口,从项目窗口将"字幕 01"拖放到视频 2 轨道,素材入点同样为 00:00:00:00。

(7) 打开效果面板,为字幕添加"视频特效"→"过渡"→"线性擦除"特效。

(8) 打开特效控制面板,展开"线性擦除"特效,将当前时间指针移动到 00:00:00:00,

单击"过渡完成"左侧的切换动画按钮为其添加关键帧，同时修改该参数值为 100%；移动当前时间指针到 00:00:01:00，并将"过渡完成"后的数值修改为 20%；修改"擦除角度"为 270°。

(9) 执行菜单命令"文件"→"保存"，保存文件。

(10) 在节目监视器窗口中单击"播放"按钮即可预览效果，如图 3.44 为线性擦除效果。

27 逐字打出字幕效果

图 3.44 线性擦除效果

3. 实例——画轴卷动效果制作

要求：

- 熟悉利用字幕工具制作图形的过程。
- 进一步熟悉字幕属性的设置。
- 掌握利用特效控制面板制作运动特效的方法。
- 会对字幕添加视频切换特效。

(1) 新建项目，名称为 "画轴卷动效果"。

(2) 选择序列模式为"DV-PAL"→"标准 48 kHz"。

(3) 导入素材"桂林山水.jpg"，将其拖放到视频 2 轨道上，素材入点为 00:00:00:00，并在特效控制面板中将部分参数作如下修改：缩放高度 117，缩放宽度 88。

(4) 执行菜单命令"字幕"→"新建字幕"→"默认静态字幕…"，打开"新建字幕"对话框，将参数设置为：宽 720，高 576，时间基准 25.00 pfs，字幕名称为"字幕 01"。设置好后单击"确定"打开字幕编辑器窗口。

(5) 在字幕工具栏中选择"垂直文字工具" ，在字幕输入窗口输入"山如碧玉簪"。

(6) 选择"选择工具"，然后在文字上单击以选中上述文字，设置文字属性：X 位置为 255.8，Y 位置为 284.5，宽度为 92.3，高度为 468.1，字体为 FZShuTi，字体大小为 67，纵横比为 100%，字距为 26，填充类型为实色，色彩为红色(R：255，G：0，B：0)，添加外侧边(类型为边缘，大小为 10，填充类型为实色，色彩为黄色)，阴影(色彩为红色，透明度为 69%，角度为 78 度，距离为 4，大小为 35，扩散为 12)。

(7) 选择"垂直文字工具" ，在字幕输入窗口输入"水作青罗带"。

(8) 选中上述文字，设置文字属性：X 位置 537.3，Y 位置 284.6，字体 FZShuTi，字体大小为 67，纵横比为 100%，字距为 26，填充类型为实色，色彩为红色(R：255，G：0，B：0)，添加外侧边(类型为边缘，大小为 10，填充类型为实色，色彩为黄色)，阴影(色彩为红色，透明度为 69%，角度为 –22 度，距离为 4，大小为 35，扩散为 12)。

(9) 新建字幕，取名为"画轴 1"。在字幕工具栏中选择"矩形工具"绘制矩形，其属性设置为：X 位置为 394.3，Y 位置为 24.9，宽度为 629.9，高度为 40.7，填充类型为线性渐变，色彩为白色到黑色，光泽(色彩为白色，透明度 100%，大小 26)。选择"椭圆工具"绘制椭圆，其属性设置为：X 位置为 83.7，Y 位置为 24.2，宽度为 27，高度为 30，填充类型为实色，色彩为白色，外侧边(类型为边缘，大小为 6，填充类型为实色，色彩为黑色)。利用"选择工具"选中椭圆，单击右键复制并粘贴椭圆，将其属性修改为：X 位置为 703.5，Y 位置为 24.2，宽度为 14.7，高度为 30，其他不变。

(10) 复制字幕"画轴 1"中所有图案，同时新建字幕 "画轴 2"，将字幕属性中的 Y 位置设置为 551.5，其他值不变。

(11) 执行菜单命令新建彩色蒙版："文件"→"新建"→"彩色蒙版…"，蒙版为白色，并将其拖放到视频 1 轨道，入点为 00:00:00:00，在特效控制面板中将参数作如下修改：缩放高度为 96，缩放宽度为 74。

(12) 依次将"字幕 01"、"画轴 1""画轴 2"放入视频 3、视频 4、视频 5 轨道，并和彩色蒙版位置对齐，画面效果如图 3.45 所示。

图 3.45　画卷图片效果

(13) 在效果面板中，找到"擦除"特效，分别在"白色蒙版"、"字幕 01"和"桂林山水.jpg"素材末尾添加此特效。双击"擦除"特效，将所有该特效的参数设置为：擦除方向为从北到南，持续时间为 00:00:04:12，如图 3.46 所示。

(14) 选中"画轴 1"，打开特效控制面板，将当前时间指针移动到 00:00:00:17，单击位置前的"切换动画"按钮添加关键帧；移动当前时间指针到 00:00:04:21，将位置值修改为(360，810)，并按"Enter"键添加关键帧，设置完成后即可在节目监视器窗口中预览动画效果。

28　画轴卷动效果

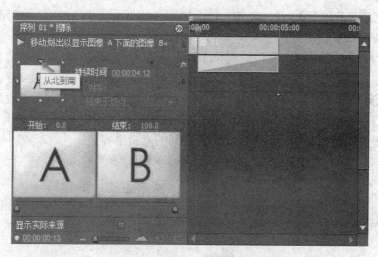

图 3.46 擦除特效参数设置

注意:

本例中的"擦除"特效也可以用其他特效来替代,参数稍作修改亦可达到相同效果,如"径向擦除"、"四点无用信号遮罩"及"卷走"特效等。

4. 实例——通用倒计时片头制作

要求:

- 将倒计时片头中"2"和"1"的部分根据前面内容补充完整。
- 熟悉字幕工具的应用。
- 利用特效控制面板制作运动特效。
- 熟悉视频切换特效的添加及参数修改。

(1) 新建项目,名称为 "通用倒计时片头制作"。

(2) 选择序列模式为"DV-PAL"→"标准 48 kHz"。

(3) 执行菜单命令"文件"→"新建"→"通用倒计时片头…",打开新建通用倒计时片头对话框,参数设置如图 3.47 所示。

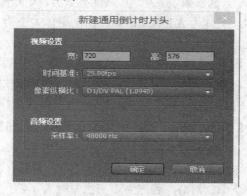

图 3.47 新建通用倒计时片头对话框

(4) 设置"划变色"为红色(R:255,G:0,B:0),背景色为灰色(R:218,G:218,B:218),线条色为黄色(R:255,G:255,B:0),目标色为灰色(R:240,G:240,B:

240)，数字色为黑色(R：0，G：0，B：0)，如图 3.48 所示，然后单击"确定"，该素材便会自动出现在项目窗口中。

(5) 将素材插入到时间线窗口的视频 1 轨道，入点为 00:00:00:00。在节目监视器窗口中预览素材，发现数字"2"和"1"的部分为黑屏，需要补充完整。

(6) 将当前时间指针移动到 00:00:09:00，在节目监视器窗口中单击"设置入点"按钮"{"；将当前时间指针移动到 00:00:10:24，在节目监视器窗口中单击"设置出点"按钮"}"；然后单击"提升"按钮 ，将入点和出点之间的素材剪掉。

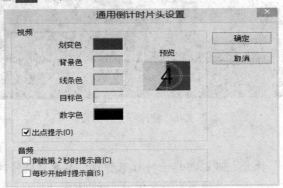

图 3.48 通用倒计时片头设置

(7) 将当前时间指针移动到 00:00:08:24，执行菜单命令"字幕"→"新建字幕"→"默认静态字幕"，新建字幕"数字 2"。

(8) 在字幕窗口中单击"显示背景视频"按钮 显示背景(再次单击该按钮将关闭背景)。选择"直线工具"，在字幕输入窗口绘制两条直线，使其刚好与背景中的"十字形"直线段重合，并设置线宽为 2，填充类型为实色，色彩为黄色。

(9) 选择"椭圆工具"绘制椭圆，其属性参数为：X 位置为 393.8，Y 位置为 288.1，宽度为 457.7，高度为 457.7，填充类型为消除(或者为残像)，外侧边(类型为边缘，大小为 5，填充类型为实色，色彩为白色)。复制该椭圆，并将其参数调整为：宽度为 512.1，高度为 512.1，其他参数和前面椭圆一致。

(10) 选择"文字工具"，输入数字"2"，其属性参数为：X 位置为 398，Y 位置为 325.3，宽度为 242，高度为 458，字体为 Adobe Caslon Pro，字体大小为 458，填充类型为实色，色彩为黑色，不需要添加外侧边。

(11) 选中并复制 "数字 2"中所有元素，执行菜单命令"字幕"→"新建字幕"→"默认静态字幕"，新建字幕名称为"数字 1"，在字幕输入窗口单击右键，粘贴前面复制好的内容，然后利用"文字工具"选中"2"，将其改为"1"并关闭字幕窗口。

(12) 执行菜单命令"文件"→"新建"→"彩色蒙版"新建蒙版，设置蒙版颜色为红色(R：255，G：0，B：0)，名称为"红色蒙版"。

(13) 再次执行菜单命令"文件"→"新建"→"彩色蒙版"新建蒙版，设置蒙版颜色为灰色(R：218，G：218，B：218)，名称为"灰色蒙版"。

(14) 移动当前时间指针到 00:00:09:00，将"灰色蒙版"、"红色蒙版"及字幕"数字 2"依次放置在视频 1、视频 2、视频 3 轨道上，且三者的入点都与当前时间指针对齐。调整"红色蒙版"和"灰色蒙版"的时长各为两秒，字幕"数字 2"的时长为一秒。

(15) 将字幕"数字 1"拖放到视频 3 轨道，素材起点与"数字 2"末尾相连，"数字 1"时长同样设置为一秒。

(16) 移动当前时间指针到 00:00:10:00，用"剃刀"工具分别将"红色蒙版"和"灰色蒙版"分成两段。

(17) 执行菜单命令"编辑"→"参数"→"常规…"，打开参数设置对话框，将"视频切换默认持续时间"修改为 24 帧。

(18) 在效果面板找到"视频切换"→"擦除"→"时钟式划变"特效，分别在两段红色蒙版的开头处添加该特效。双击特效打开特效控制面板，设置两处"时钟式划变"特效的边宽都为 4，如图 3.49 所示。

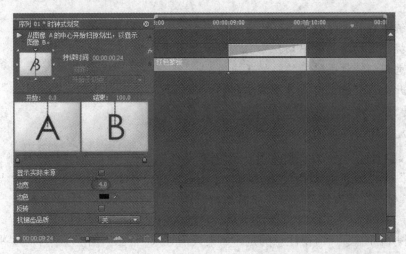

图 3.49　时钟式划变参数设置

(19) 保存项目并预览效果。

5. 实例——制作超重低音效果

29　通用倒计时片头制作效果

要求：
- 解除原有素材视音频链接。
- 利用调音台进行录音。
- 对录音制作超低音效果。

(1) 新建项目，名称为 "超低音效果制作"。

(2) 选择序列模式为"DV-PAL"→"标准 48 kHz"。

(3) 导入素材"有爱就有家.mp4"，并将其拖放到视频 1 轨道，入点为 00:00:00:00，在素材上单击右键选择"适配为当前画面大小"，再次单击右键选择"解除视音频链接"，并将当前时间指针调整到素材起点。

(4) 选中音频 1 轨道，打开调音台，首先单击"音频 1"下方所对应的"激活录制轨"按钮 ，然后单击调音台面板下方的"录制"按钮 ，接着按下调音台面板下方的"播放-停止切换"按钮 ，最后便可跟着节目监视器窗口中视频的播放进度进行录音。再次单击"播放-停止切换"按钮，录音停止且录制后的音频素材会自动出现在项目窗口和时间线窗口中。

（5）打开效果面板，为素材添加"音频特效"→"立体声"→"低音"特效，在特效控制面板中设置"放大"为 0.5 dB，并为其添加关键帧。

（6）将当前时间指针调整到 00:00:07:00，设置"放大"为 9 dB，将时间指针移动到00:00:10:00，设置"放大"为 6 dB。

（7）保存文件并试听效果。

综合实训一　旅游相册的制作

要求：

- 熟练掌握关键帧的添加、删除和编辑方法。
- 掌握视频切换特效中切换方向、持续时间等参数的设置方法。
- 熟悉视频特效关键帧的添加及应用。
- 提升运用 Premiere 进行视频编辑的综合能力。

操作要领：

1）导入素材

（1）新建项目，名称为"旅游相册制作"，并在"新建序列"对话框中选择序列模式为"DV-PAL"→"标准 48 kHz"。在"项目"窗口空白处双击鼠标，在弹出的"导入"对话框中选择素材所在的文件夹——"旅游相册制作"，单击"导入文件夹"按钮，如图 3.50 所示。在导入".psd"文件时，会自动弹出"导入分层文件"对话框，将"导入为"项设置成"合并所有图层"。值得注意的是，如果只需导入".psd"图层文件中的某些图层，则在选择"单个图层"后需取消勾选无用图层复选框。

图 3.50　导入文件夹

30　白帝城	31　朝天门码头	32　冬日三峡	33　奉节脐橙
34　豪华游轮	35　美丽瞿塘峡	36　梦里水乡	37　三峡红叶
38　三峡人家	39　神女峰	40　重庆传媒	

2) 正片编辑

(1) 执行菜单命令"文件"→"新建"→"彩色蒙版…"命令，新建白色蒙版。

(2) 将当前时间指针移至 00:00:42:00，将白色蒙版拖至视频 1 轨道，使其起点为 00:00:00:00，终点与当前时间指针对齐，如图 3.51 所示。

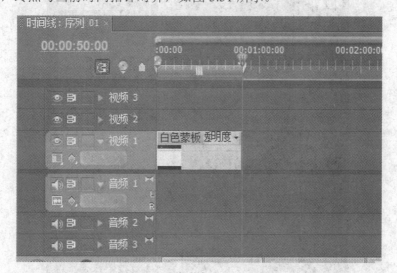

图 3.51　彩色蒙版持续时间设置

(3) 拖动素材"三峡人家"至视频 2 轨道，使其起点为 00:00:00:00，并设置素材的持续时间为 5 秒，如图 3.52 所示。

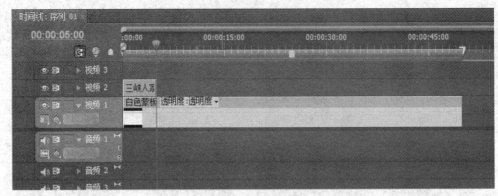

图 3.52 拖入素材

(4) 选中"三峡人家",在素材上单击右键,选择"适配为当前画面大小";激活特效控制面板,将"等比缩放"前的钩去掉,设置缩放高度为 110,缩放宽度为 100。

(5) 执行菜单命令 "编辑"→"参数"→"常规",修改"视频切换默认持续时间"为 40 帧。

(6) 打开效果面板,选择"视频切换"→"卷页"→"翻页"特效,将其添加到素材"三峡人家"开始处;选择"视频切换"→"缩放"→"缩放框"特效,将其添加到素材"三峡人家"结尾处。

(7) 选择"序列"→"添加轨道…"命令,添加 4 条视频轨道。

(8) 将素材"重庆传媒.psd"添加至视频 4 轨道,起点为 00:00:00:00,持续时间为 50 秒;并在特效控制面板中将其部分参数作如下修改:位置为(649.0, 67.0),缩放比例为 30.0,透明度为 80.0%,如图 3.53 所示。

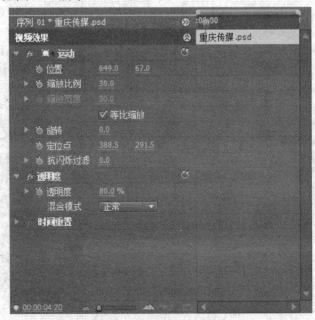

图 3.53 设置视频效果

(9) 将当前时间指针移动至 00:00:04:10,拖动素材"三峡红叶"至视频 3 轨道,使其起点与当前时间指针对齐,并将素材"适配为当前画面大小";选择"视频切换"→"3D

运动"→"翻转"特效,将其添加到素材"三峡红叶"开始处。

(10) 选中"三峡红叶",将当前时间指针移至00:00:08:15,打开特效控制面板,单击"旋转"左侧的"切换动画"按钮添加关键帧,单击"透明度"后的"添加/移除关键帧"按钮为透明度添加关键帧;将当前时间指针移至00:00:10:02,修改"旋转"值为360,修改"透明度"值为0,并按"Enter"键确认。

(11) 将当前时间指针移至00:00:08:15,选择素材"奉节脐橙"拖到视频2轨道,起点与当前时间指针对齐;打开特效控制面板,单击"旋转"左侧的"切换动画"按钮添加关键帧,然后设置"透明度"值为0;将当前时间指针移至00:00:10:02,修改"旋转"值为0,修改"透明度"值为100%,并按"Enter"键确认,参数设置如图3.54所示。选择"视频切换"→"GPU过渡"→"球体"特效,将其添加到素材"奉节脐橙"结尾处。

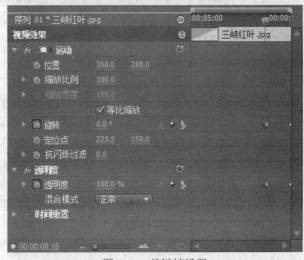

图3.54　关键帧设置

(12) 将当前时间指针移至00:00:13:00,选择素材"冬日三峡"拖到视频3轨道,起点与当前时间指针对齐,在素材上单击右键选择"适配为当前画面大小"。选择"视频切换"→"GPU过渡"→"球体"特效,将其添加到素材"冬日三峡"开始处,双击"球体"特效激活特效控制面板,勾选"反转"复选框;选择"视频切换"→"划像"→"菱形划像"特效,将其添加到该素材结尾处。

(13) 将当前时间指针移至00:00:16:20,选择素材"朝天门码头"拖到视频2轨道,起点与当前时间指针对齐,在素材上单击右键选择"适配为当前画面大小";在特效控制面板中将"等比缩放"复选框中的钩去掉,设置缩放高度为125.0,缩放宽度为100.0;并在素材开头添加"视频切换"→"划像"→"菱形划像"特效。

(14) 为素材"朝天门码头"添加"视频特效"→"生成"→"四色渐变"特效。并在特效控制面板中设置"四色渐变"特效:混合模式为"叠加";位置1为(50.0,30.0),颜色1为灰色(R、G、B值都为0);位置2为(320.0,30.0),颜色2为灰色(R、G、B值也为0)。移动当前时间指针至00:00:20:00,单击"颜色1"和"颜色2"前的切换动画按钮设置关键帧;移动当前时间指针至00:00:21:00,修改"颜色1"和"颜色2"为白色,即R、G、B值为255,参数设置如图3.55所示。

图 3.55　四色渐变特效设置

(15) 将素材"白帝城"添加至视频 2 轨道，与前一素材首尾相连，并将素材"适配为当前画面大小"，选择"视频切换"→"叠化"→"附加叠化"特效添加至两素材之间；选择"视频切换"→"伸展"→"伸展"特效至素材"白帝城"结尾处，并在特效控制面板中为"伸展"特效勾选"反转"复选框。

(16) 将当前时间指针移至 00:00:26:22，将素材"豪华邮轮"添加至视频 3 轨道，起点与当前时间指针对齐，单击右键选择"适配为当前画面大小"；在特效控制面板中设置"缩放高度"为 111.0，其他值不变；选择"视频切换"→"3D 运动"→"摆入"特效，添加至素材开头；选择"视频切换"→"GPU 过渡"→"页面滚动"特效，添加至素材结尾。

(17) 移动当前时间指针至 00:00:31:23，将素材"美丽瞿塘峡"添加至视频 2 轨道，起点与当前时间指针对齐；在素材开头添加"页面滚动"特效，并为该特效在特效控制面板中勾选"反转"复选框；选择"视频切换"→"3D 运动"→"筋斗过渡"特效，添加至素材结尾。

(18) 将当前时间指针移至 00:00:36:24，将素材"神女峰"添加至视频 3 轨道，起点与当前时间指针对齐，单击右键选择"适配为当前画面大小"；在素材开头添加"筋斗过渡"特效，选中该特效并在特效控制面板中勾选"反转"复选框；单击素材"神女峰"打开特效控制面板，移动当前时间指针至 00:00:39:20，为"位置"和"缩放比例"两项添加关键帧；移动当前时间指针至 00:00:40:20，设置"位置"值为(150.0，288.0)，设置"缩放比例"值为 200.0，并按"Enter"键确认。

3) 添加字幕

(1) 按"Ctrl + T"快捷键新建字幕"字幕 01"，输入"三峡风光"，选择字体为 STHupo，设置"字体大小"为 70，"字距"为 45，RGB 为#F2F520；添加外侧边，"类型"为凸出，"大小"为 30，"色彩"为红色。

(2) 将"字幕 01"从项目窗口中拖放至视频 5 轨道，其位置与素材"三峡人家"对齐；在"字幕 01"开头添加"翻页"特效，在结尾添加"缩放框"特效。

(3) 将"字幕 01"从项目窗口中拖放至视频 7 轨道，其位置与素材"三峡人家"对齐；添加"视频特效"→"变换"→"垂直翻转"特效；添加"视频特效"→"模糊与锐化"→"快速模糊"特效，并在控制面板中设置"模糊量"为 8，"透明度"为 70.0%；在"字幕 01"开头添加"翻页"特效，在结尾添加"缩放框"特效，效果如图 3.56 所示。

图 3.56　字幕"字幕 01"

(4) 激活"字幕 01"字幕编辑器窗口，单击"基于当前字幕新建字幕"按钮，新建"字幕 02"，将原来的文字删除，再输入"三峡红叶"，设置"字体大小"为 60，"字距"为 45，RGB 为#F2F520；添加外侧边，"类型"为边缘，"大小"为 30，"色彩"为红色(RGB 值为 #CE080A)，效果如图 3.57 所示。

图 3.57　字幕"字幕 02"

(5) 将"字幕 02"拖放到视频 6 轨道，位置与素材"三峡红叶"对齐；在"字幕 02"开头添加"翻转"特效；将当前时间指针移至 00:00:08:15，打开特效控制面板，单击"旋转"左侧的"切换动画"按钮添加关键帧，单击"透明度"后的"添加/移除关键帧"按钮为透明度添加关键帧；将当前时间指针移至 00:00:10:02，修改"旋转"值为 360，修改"透明度"值为 0，并按"Enter"键确认。

(6) 打开"字幕 02"编辑器窗口，单击"基于当前字幕新建字幕"按钮，新建"字幕03"，将原来的文字删除，再输入"脐橙诱惑"，设置"字体大小"为 40，"字距"为 15，填充色彩 RGB 为#CD41B1；删除外侧边；勾选"阴影"复选框，设置阴影色彩 RGB 为F99843，透明度为 100%，距离为 7，大小为 5，扩散为 5。

(7) 将"字幕 03"拖放到视频 5 轨道，位置与素材"奉节脐橙"对齐；将当前时间指针移至 00:00:08:15，打开特效控制面板，单击"旋转"左侧的"切换动画"按钮添加关键帧，接着设置"透明度"值为 0；将当前时间指针移至 00:00:10:02，修改"旋转"值为 360，修改"透明度"值为 100%，并按"Enter"键确认；选择"球体"特效，将其添加到"字幕 03"结尾处，效果如图 3.58 所示。

图 3.58　字幕"字幕 03"

(8) 激活字幕编辑器窗口，单击"基于当前字幕新建字幕"按钮，新建"字幕 04"，将原来的文字删除，再输入"冬日三峡"，设置"字体大小"为 50，"字距"为 20，填充类型为"4 色渐变"，参数如图 3.59 所示；阴影参数设置如图 3.60 所示。

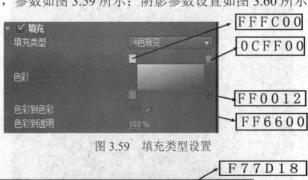

图 3.59　填充类型设置

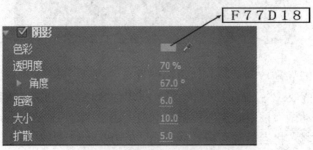

图 3.60　阴影参数设置

(9) 将"字幕04"从项目窗口中拖放至视频6轨道，位置与素材"冬日三峡"对齐；在"字幕04"开头添加"球体"特效，并在特效控制面板中为该特效勾选"反转"复选框，在结尾添加"菱形划变"特效，效果如图3.61所示。

图 3.61 字幕"字幕 04"

(10) 打开"字幕04"，单击"基于当前字幕新建字幕"按钮，新建"字幕05"，将原来的文字删除，再输入"重庆朝天门码头"，设置"字体大小"为40，"字距"为10，取消勾选"阴影"复选框。

(11) 将"字幕05"从项目窗口中拖放至视频5轨道，位置与素材"朝天门码头"对齐；在"字幕05"开头添加"菱形划变"特效，效果如图3.62所示。

图 3.62 字幕"字幕 05"

(12) 打开"字幕05"，单击"基于当前字幕新建字幕"按钮，新建"字幕06"，将原来的文字删除，再输入"奉节白帝城"，设置"字体大小"为40，"字距"为15，字幕样式为"汉仪菱心斜体"。

(13) 将"字幕 06"从项目窗口中拖放至视频 6 轨道，位置与素材"白帝城"对齐；在"字幕06"结尾处添加"伸展"特效，并在特效控制面板中勾选"反转"复选框，其效果如图 3.63 所示。

(14) 打开"字幕 06"，单击"基于当前字幕新建字幕"按钮，新建"字幕 07"，将原来的文字删除，再输入"豪华邮轮"，设置"字体大小"为 40，"字距"为 15，字幕样式为"方正金质大黑"。

图 3.63　字幕"字幕 06"

(15) 将"字幕 07"从项目窗口中拖放至视频 5 轨道，位置与素材"豪华邮轮"对齐；在"字幕 07"开头添加"摆入"特效，在其结尾处添加"页面滚动"特效，效果如图 3.64 所示。

图 3.64　字幕"字幕 07"

(16) 打开"字幕 07"，单击"基于当前字幕新建字幕"按钮，新建"字幕 08"，将原来的文字删除，再输入"美丽瞿塘峡"，设置"字体大小"为 40，"字距"为 15，效果如图 3.65 所示。

图 3.65 字幕 "字幕 08"

(17) 将"字幕 08"从项目窗口中拖放至视频 6 轨道,位置与素材"美丽瞿塘峡"对齐;在"字幕 08"开头添加"页面滚动"特效,并在特效控制面板中为该特效勾选"反转"复选框;在其结尾处添加"筋斗过渡"特效。

(18) 打开"字幕 08",单击"基于当前字幕新建字幕"按钮,新建"字幕 09",将原来的文字删除,再输入"巫山神女峰",选择字幕样式为"方正隶变",设置"字体大小"为 40,"字距"为 15,效果如图 3.66 所示。

图 3.66 字幕 "字幕 09"

(19) 将"字幕 09"从项目窗口中拖放至视频 5 轨道,位置与素材"神女峰"对齐;在"字幕 09"开头添加"筋斗过渡"特效,并在特效控制面板中为该特效勾选"反转"复选框;在其结尾处添加"筋斗过渡"特效。

4) 添加背景音乐

(1) 将背景音乐"雨的印记.mp3"拖至音频 1 轨道。

(2) 移动当前时间指针至 00:00:49:24,利用"剃刀"工具将素材在当前时间指针处分开，并将后半段音频素材删除。

(3) 选择素材"雨的印记.mp3"，移动当前时间指针至 00:00:45:00，打开特效控制面板，单击"级别"左侧的"切换动画"按钮设置关键帧；移动当前时间指针至 00:00:50:00，设置"级别"值为 −50.0。

5) 片尾制作

(1) 打开"字幕 09"，单击"基于当前字幕新建字幕"按钮，新建字幕"片尾"，将原来的文字删除，输入"魅力三峡欢迎您再次光临！制作人：毛老师，制作时间：2017.02"，选择字体为"SLTiti"，字体大小为 55，行距为 10，效果如图 3.67 所示。

图 3.67　字幕"片尾"

(2) 移动当前时间指针至 00:00:42:00，将字幕"片尾"拖放到视频 6 轨道，起点与当前时间指针对齐。

(3) 选中字幕"片尾"，打开特效控制面板，单击"位置"前的切换动画按钮添加关键帧，同时设置位置值为(360，710)；移动当前时间指针至 00:00:44:00，修改位置值为(360，288)；移动当前时间指针至 00:00:45:00，单击"位置"最右侧的"添加/移除关键帧"按钮添加关键帧；移动当前时间指针至 00:00:47:00，修改位置值为(360，−120)。

41　旅游相册制作效果

综合实训二　制作卡拉 OK 效果

要求：
- 利用字幕编辑器编辑歌词。
- 添加图像遮罩特效。
- 为特效添加关键帧。

1) 新建项目

(1) 启动 Premiere Pro CS4 应用程序，在启动界面中选择"新建项目"。

(2) 在"新建项目"对话框中为该项目取名为"卡拉 OK 效果"并设置保存路径，然后单击"确定"。

(3) 在"新建序列"对话框中选择序列模式为"DV-PAL"→"标准 48 kHz"。

2) 创建素材

(1) 在项目窗口中双击空白处，导入素材"星空.jpg"和"宁静的夏天.mp3"。

(2) 执行菜单命令"文件"→"新建"→"字幕…"打开新建字幕对话框，设置名称为"歌名"，单击"确定"打开字幕编辑器；在字幕编辑器窗口中输入文字"宁静的夏天"，设置字体为 STHupo，大小为 80，字距为 15，填充类型为实色，颜色为白色，并将其放置在窗口中上方，如图 3.68 所示。

图 3.68　字幕编辑器

(3) 单击"基于当前字幕新建字幕"按钮，在新建字幕对话框中设定名称为"宁静的夏天 1"，将文字"宁静的夏天"移至屏幕左下角，设置字体大小为 60，字距为 10，关闭字幕编辑器窗口。

(4) 在项目窗口的字幕"宁静的夏天 1"上单击右键，选择"复制"，接着在项目窗口空白处单击右键，选择"粘贴"，而后修改字幕名称为"宁静的夏天 2"；双击字幕"宁静的夏天 2"前的图标打开字幕编辑器，修改字幕填充颜色为红色(R、G、B 值都为 255)。

(5) 单击"基于当前字幕新建字幕"按钮，新建字幕并命名为"天空中繁星点点 1"，在字幕"宁静的夏天"右下方输入"天空中繁星点点"，设置填充颜色为白色，然后将原来字幕"宁静的夏天"删除。

(6) 单击"基于当前字幕新建字幕"按钮，新建字幕并命名为"天空中繁星点点 2"，修改字幕"天空中繁星点点"填充颜色为红色，而后关闭字幕编辑器窗口。

(7) 打开字幕"宁静的夏天1"，单击"基于当前字幕新建字幕"按钮，新建字幕并命名为"提示符 1"；在字幕编辑器窗口选择"椭圆工具"，并按下"Shift"键不放，绘制圆形，利用复制、粘贴的方法再绘制两个圆形，并将原来的字幕"宁静的夏天"删除，效果如图 3.69 所示。

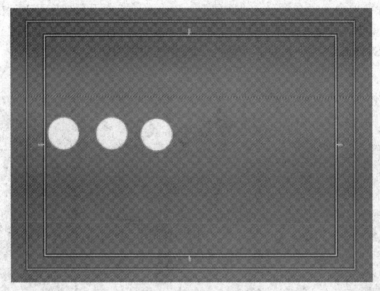

图 3.69　　提示符

(8) 单击"基于当前字幕新建字幕"按钮，新建字幕并命名为"提示符2"，选中全部图形，修改填充颜色为红色，而后关闭字幕编辑器窗口。

3) 组合素材

(1) 执行菜单命令"序列"→"添加轨道…"，添加 5 条视频轨道。

(2) 将图片"星空.jpg"从项目窗口拖放到时间线窗口中，素材入点为 00:00:00:00；在素材上单击右键选择"适配为当前画面大小"，同时调整素材播放速度为 13 秒。

42　星空

(3) 将字幕"歌名"拖放到视频 2 轨道，起点与素材"星空"对齐，时长为 5 秒；在效果面板中选择"视频切换"→"卷页"→"页面滚动"特效，将其拖放到字幕"歌名"开始处。

(4) 将当前时间指针移动至 00:00:03:00，依次将字幕"提示符 1"、"提示符 2"、"宁静的夏天1"、"宁静的夏天2"拖放至视频 3、视频 4、视频 5 和视频 6 轨道，所有字幕起点与当前时间指针对齐；调整字幕"提示符 1"和"提示符 2"的播放时长为 4 秒；调整字幕"宁静的夏天 1"和"宁静的夏天 2"的播放时长为 7 秒。

(5) 在效果面板中选择"视频切换"→"擦除"→"擦除"特效，将其拖放到字幕"提示符 2"结尾处，设置该特效的持续时间为 4 秒。

(6) 在效果面板中选择"视频特效"→"变换"→"裁剪"特效，将其拖放到字幕"宁静的夏天 2"上；移动当前时间指针至 00:00:06:14，在特效控制面板中展开"裁剪"特效，并为该特效中"左侧"添加关键帧；移动当前时间指针至 00:00:09:05，修改"左侧"参数值为 61%，如图 3.70 所示。

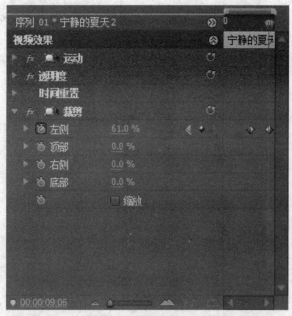

图 3.70　裁剪参数设置

(7) 移动当前时间指针至 00:00:07:00，将字幕"天空中繁星点点 1"和字幕"天空中繁星点点 2"添加至视频 7 和视频 8 轨道，起点与当前时间指针对齐，设置字幕的播放时长都为 6 秒，并为字幕"天空中繁星点点 2"添加"裁剪"视频特效；移动当前时间指针至 00:00:09:05，在特效控制面板中为该特效的"左侧"相添加关键帧，设置其值为 23.7%；移动当前时间指针至 00:00:11:22，修改"左侧"值为 91%。

(8) 将音频素材"宁静的夏天.mp3"添加到音频 1 轨道；移动当前时间指针至 00:00:17:00，利用"剃刀"工具在当前时间指针处分割该音频；将分割后的前段音频删除，同时移动后段音频使其起点为 00:00:00:00。

43　卡拉 OK 效果

(9) 按空格键预览视频效果。

习　题　三

1. 填空题

(1) 常用彩色电视制式分为 PAL 制、_____ 和 _____。

(2) PAL 制式电视系统的帧速率是 _____。

(3) _____ 窗口是 Premiere Pro CS4 的核心窗口，视频节目的编辑主要在这个窗口中进行。如果该窗口不小心被关闭了，可以在项目窗口中双击当前序列名重新打开。

(4) _____窗口是 Premiere Pro CS4 的重要窗口，主要用于素材的管理。

(5) _____面板提供了"后退"的功能。

2. 选择题

(1) 在时间线窗口中，可以通过鼠标与(　　)键的配合使用实现对片段进行多选。

A. Alt　　　　　　B. Shift　　　　　　C. Ctrl　　　　　　　　D. Tab

(2) 时间码 00:01:02:03 中的 3 代表的是(　　)。

A. 小时　　　　　B. 分钟　　　　　C. 秒钟　　　　　　　D. 帧

3. 简答题

(1) Premiere Pro CS4 的主要窗口和面板有哪些？

(2) 简述 Premiere Pro CS4 的工作流程是什么？

(3) 什么是"三点"编辑法？

项目四　利用 Flash 制作动画

任务 1　Flash Professional CS6 基本操作

学习目标

※ 熟悉 Flash Professional CS6 的工作界面。
※ 掌握 Flash 制作动画的基本方法。
※ 了解自定义工作界面的过程。

具体任务

1. Flash Professional CS6 基本工作界面
2. 实例——飘飞的纸飞机

任务详解

1. Flash Professional CS6 基本工作界面

首次启动 Flash Professional CS6 时，会弹出"欢迎屏幕"对话框，如图 4.1 所示，通过它可以快速访问最近使用过的文件、创建不同类型文件、使用教程资源等。

图 4.1　Flash Professional CS6 启动向导对话框

如果要隐藏"欢迎屏幕",可以单击选择"不再显示"选项,然后在弹出的对话框中单击"确定"按钮。 如果要再次显示开始页,可以通过选择"编辑"→"首选参数"命令,打开"首选参数"对话框,然后在"常规"类别中设置"启动时"选项为"欢迎屏幕"即可。

在"欢迎屏幕"中选择"新建"项目下的"ActionScript3.0"文档,这样就可以启动 Flash Professional CS6 的工作窗口并新建一个影片文档。

下面,先来认识一下 Flash Professional CS6 的基本工作界面,如图 4.2 所示。如果窗口布局调乱了,想回到最初状态,可以在菜单栏中选择"窗口"→"工作区"→"传统"命令,即可回到图 4.2 所示窗口。

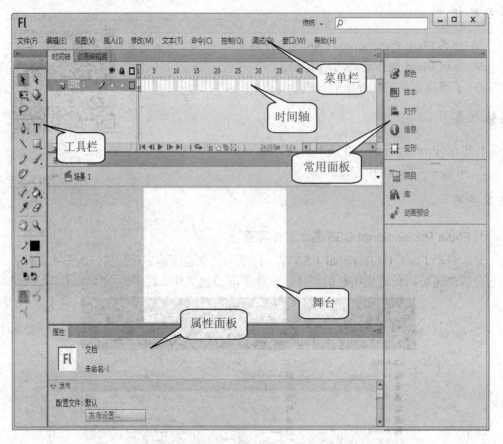

图 4.2　　Flash Professional CS6 基本工作界面

1) 标题栏与菜单栏

Flash Professional CS6 的标题栏与菜单栏,与 Photoshop 类似,菜单栏的具体功能将在后面进行介绍。

2) 主工具栏

主工具栏在默认工作界面中是不显示的,可以通过单击"窗口"→"工具栏"→"主工具栏"命令将其调出显示。主工具栏上是一些标准菜单中的命令按钮,将 Flash 中的常用功能以按钮的形式集中在一起,如图 4.3 所示。

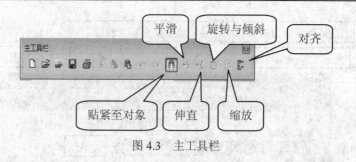

图 4.3 主工具栏

3) 工具栏

窗口左侧是功能强大的"工具栏",它是 Flash 中最常用到的一个面板,由"工具"、"查看"、"颜色"和"选项"四部分组成,里面有许多的绘图和修改工具,工具的含义如图 4.4 所示。

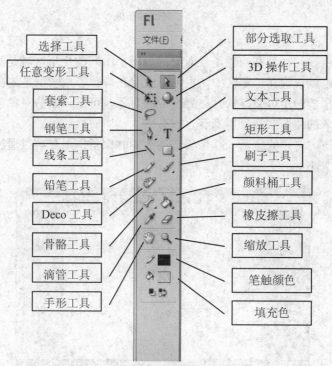

图 4.4 工具栏

在后面制作动画的过程中,里面相当多的工具都要多次用到,因此对于各个工具的含义及功能要非常明确。

4) 时间轴面板

在工具栏旁边是时间轴面板,它分成两块:左边为图层面板,右边为结构帧面板。左边自动有一个"图层 1",上方有三个按钮:一个眼睛、一个小锁和一个方框,分别是隐藏图层、锁定图层和轮廓视图,其具体用法,将在后面实例练习中讲述,图层面板用来控制图层的添加、删除、选中等。右边的结构帧面板包含帧数目、帧属性(空白关键帧、关键帧等)、帧视图弹出菜单、动画播放按钮、绘图纸、当前帧、帧速率等,具体如图 4.5 所示。

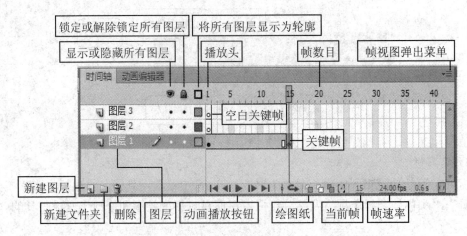

图 4.5　时间轴面板

5) 工作区

工作区是用户设计动画和布置场景对象的场所，中间的矩形区域是舞台，如图 4.6 所示。动画的对象可以放置在工作区中，也可以放置在舞台中，区别是放在舞台外面的工作区的内容在动画播放时不可见，只有在舞台中的对象才可见。这些对象包括矢量插图、文本框、按钮、导入的位图或视频剪辑等。

在默认情况下，舞台的宽为 550 像素，高为 400 像素，用户可以通过"属性"面板设置和改变舞台的大小。

图 4.6　工作区

6) 工作面板

面板是 Flash 工作窗口中最重要的操作对象，相当多的操作都在面板中完成。

其他区域，还有多个面板，围绕在"舞台"的下面和右面，有常用的属性面板、变形面板、对齐面板，还有颜色面板和库面板等。

属性面板：可以设置动画的大小、背景颜色、帧频及其他一些常用属性。

变形面板：用于放大、缩小或变形图形。

对齐面板：用于对齐元件。

颜色面板：用于设置图形的填充颜色。

库面板：用于调用库以及显示库内元件等。

7) 场景

通常一个影片由一个或多个场景组成，选择"窗口"→"其它面板"→"场景"命令可以打开"场景"控制面板，如图 4.7 所示。

通过单击该控制面板下方的各按钮，可复制、创建和删除场景。此外，要改变场景名称，可在"场景"控制面板中双击要更名的场景，并输入新的场景名；若要改变文档中场景的顺序，只需在"场景"控制面板中上、下拖动场景名即可。

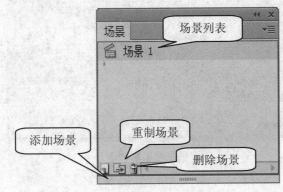

图 4.7　场景窗口

8) 标尺

标尺的设置是为了方便绘制电影元素，在默认状态下 Flash 是不显示标尺的。如果需要将标尺调出，只需选择"视图"→"标尺"命令，使该命令前出现"√"，就可以将工作窗口上部的水平标尺和左侧的垂直标尺显示出来，如图 4.8 所示。如果需隐藏标尺，同样选择"视图"→"标尺"命令，使该命令前的"√"消失即可。

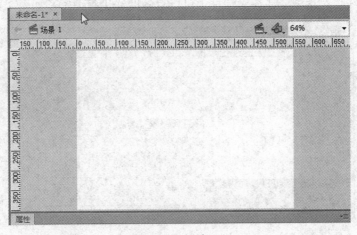

图 4.8　显示标尺

9) 网格

如果需要使用 Flash 中的网格，只需选择"视图"→"网格"→"显示网格"命令，使该命令前出现"√"，即可在舞台上显示网格，如图 4.9 所示。如果需将显示的网格线隐藏，只需再次选择"视图"→"网格"→"显示网格"命令，使该命令前的"√"消失即可。

如果对当前舞台中的网格不满意，可以选择"视图"→"网格"→"编辑网格"命令，在弹出的"网格"对话框中对当前网格进行编辑，如图 4.9 所示。

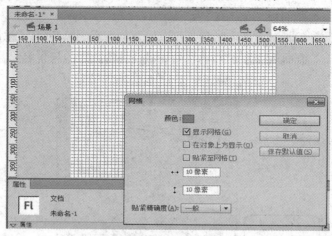

图 4.9　网格与编辑网格

10) 辅助线

在 Flash 中，辅助线和标尺、网格有所不同，用户需要手动添加辅助线。使用辅助线，可以精确地绘制和布置对象。

添加辅助线的具体操作方法：选择"视图"→"辅助线"→"显示辅助线"命令，显示辅助线。选择"视图"→"标尺"命令，显示辅助标尺。将鼠标放置在水平或垂直标尺上，按下并拖动鼠标至需要添加辅助线的位置后释放鼠标，即可在舞台中添加辅助线。

编辑辅助线的具体操作方法：选择"视图"→"辅助线"→"编辑辅助线"命令，将会弹出"辅助线"对话框，在该对话框中可以对辅助线进行编辑，如图 4.10 所示。

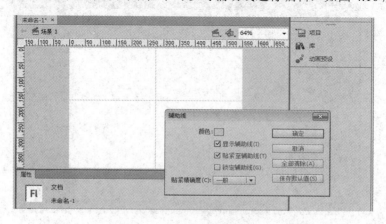

图 4.10　辅助线与编辑辅助线

2. 实例——飘飞的纸飞机

1) 绘制纸飞机

首先,需要新建一个默认的 Flash 文档,选择线条工具,画一架纸飞机,并为其填充颜色,如图 4.11 所示。

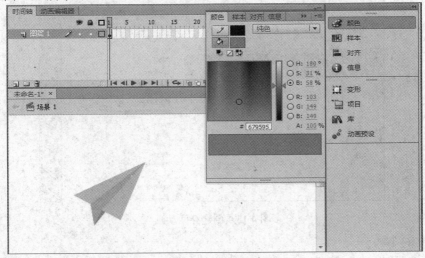

图 4.11 绘制纸飞机

具体的操作方法如下:

用线条工具画出飞机轮廓,对不需要的多余线条,可用"选择工具"选择后,按下"Delete"键删除,选择颜料桶工具,在右边"颜色"面板中选择不同颜色,给纸飞机着色,再用"选择工具"双击线条,如果不能选择完全,可按住"Shift"键继续双击或单击,待全部选择线条后,按下"Delete"键删除线条。

2) 创建关键帧

将鼠标移至时间轴,在第 20 帧处右击,选择"插入关键帧"命令,再在第 40 帧处右击,选择"创建关键帧"。

将鼠标移回第 20 帧,将纸飞机往右边拖移一段距离,如图 4.12 所示。

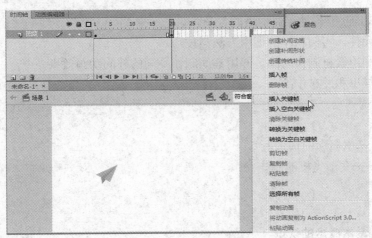

图 4.12 插入关键帧

3) 补间动画

在 0 至 20 帧之间、20 至 40 帧之间任意一帧右击鼠标，选择"创建传统补间"命令，如图 4.13 所示。

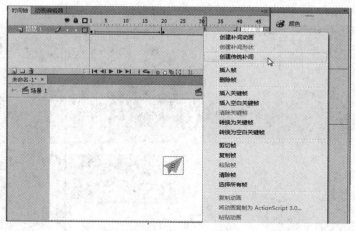

图 4.13　创建补间动画

4) 观看动画

按下"Ctrl + Enter"键即可欣赏动画效果。当然，这样的动画，是比较粗糙的。不过，看到纸飞机在我们的手底下动起来，是不是也有一点点的小激动？

通过这一个案例，我们只是简单应用到了线条工具、选择工具、颜料桶工具以及插入关键帧和创建补间动画等操作。通过后面更多的学习，当我们熟悉 Flash 的各种工具和面板后，就可以制作更加复杂精美的动画啦！

任务 2　Flash 的基本知识

学习目标

※ 熟悉 Flash 中各种专业术语的含义。

※ 掌握元件、实例和库的调用方法与技巧。

※ 学会利用素材制作动画，并用补间制作不同的补间动画效果。

※ 学会导出和发布作品。

具体任务

1. Flash 基本概念的认识

2. 实例——变形飞机的制作

任务详解

1. Flash 基本概念的认识

在学习制作 Flash 影片之前，需要掌握一些 Flash 的基本知识及常用术语，这些是 Flash

操作的基础。掌握好这些知识，可以更轻松地理解后面学习中的内容。

1) 位图图像与矢量图像

计算机图像主要分为位图图像和矢量图像两大类。

位图图像使用"像素"描述图像。像素是一个个带颜色的"小点"，像素的多少，将决定位图图像的显示质量和文件大小，位图图像的分辨率越高，其显示图像越清晰，文件所占的空间也就越大。位图图像的清晰度与分辨率有关。对位图图形放大时，放大的只是像素点，因此放大后图像将变得模糊。

矢量图形使用"矢量"来描述图像，它由直线和曲线构成。当用户编辑矢量图形时，实际上是在修改直线和曲线的属性。矢量属性还包括颜色和位置属性。矢量图的清晰度与分辨率的大小无关，对矢量图进行缩放时，图形对象仍保持原有的清晰度和光滑度，不会发生任何偏差。

利用 Flash 绘制的图形是矢量图形，可以任意放大而不影响显示质量。但在 Flash 制作过程中，也会经常使用现成的位图图像，在选取位图图像时，需要注意其图形质量，主要是分辨率的高低。

2) 元件、实例和库

在创作和编辑 Flash 动画时，经常用到元件、实例和库。

元件是指保存在库中可反复取出使用的图形、按钮或一段小动画。从库窗口中被拖入到舞台的编辑区的元件称为该元件的实例，它实际上是元件的复制品。

库是指 Flash 动画中所有可以重复使用的元素的存储仓库，各种元件都放在库中，使用时可从库中调用。

正由于使用了元件和实例(还包括矢量图形技术)，才使得 Flash 动画容量较小，可在网络上广泛传播。

3) 创建 Flash 文档

选择"文件"→"新建"命令，在"新建文档"对话框中选择"ActionScript3.0"选项，或者在"欢迎屏幕"的"新建"项目下，选择"ActionScript3.0"，如图 4.14 所示。

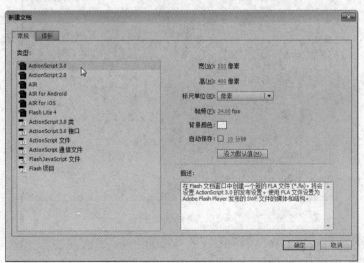

图 4.14　创建 Flash 文档

4) 设置文档属性

选择"修改"→"文档"命令，或者在"属性"面板中单击"大小"后面的分辨率按钮，均可弹出"文档设置"对话框，在对话框中设置文档的大小、背景颜色、帧频、标尺的单位等，如图 4.15 所示。

帧频是指每秒播放动画的帧数。动画制作中，每一幅画面称为一"帧"，一般电影是每秒 24 帧，在 Flash 中，一般选择每秒 12 帧动画。

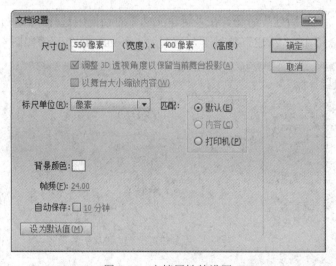

图 4.15　文档属性的设置

"文档设置"对话框中各项参数的含义具体如下。

"背景颜色"：设置舞台的背景颜色。

"标尺单位"：可设置标尺的单位。标尺是显示在场景周围的辅助工具，以标尺为参照可以使绘制的图形更精确。

"设为默认值"：将本次所有设定保存成默认值，当下次再开启新的影片文档时，影片的舞台大小和背景颜色会自动调整成这次设定的值。

5) 导入对象

选择"文件"→"导入"→"导入到舞台"命令，可以导入外部的图像、声音、视频等文件。

6) 保存文档

选择"文件"→"保存"命令，在"另存为"对话框中设置要保存文件的名称、路径。Flash 源文件的后缀是".fla"。

7) 输出动画

选择"文件"→"导出"→"导出影片"命令，或者使用快捷键"Ctrl + Enter"，把作品输出成".swf"格式的动画文件，可以直接拷贝该文件到其他电脑或播放设备上，欣赏制作好的 Flash 作品。

2. 实例——变形飞机的制作

(1) 新建一个默认的 Flash 文档，选择"另存为"命令，保存到自己指定的文件夹，命名为"变形飞机制作"。

(2) 选择"文件"→"导入"→"导入到库"命令，打开案例所在的文件夹，找到"飞机"和"大地"两张图片，按住"Ctrl"键同时点选"确定"按钮，这样，库里就有了两张图形元件，供我们设计动画时调用，如图 4.16 所示。

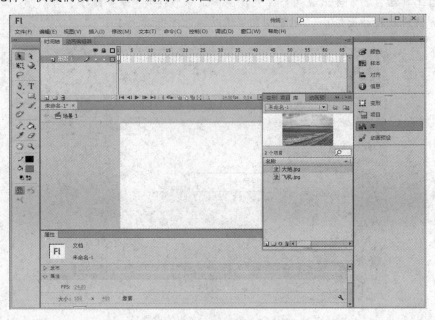

图 4.16　导入图形到库中

(3) 将"大地"图片拖入到舞台中，移动位置，与舞台对齐，或在右边"对齐"面板上，选择对齐模式，或直接勾选"与舞台对齐"选框，如图 4.17 所示。

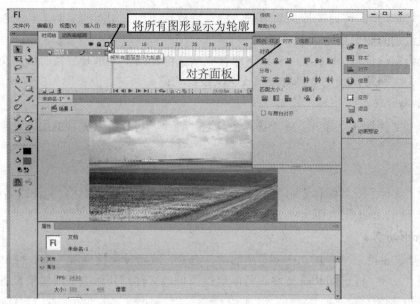

图 4.17　显示所有图层及对齐面板的使用

注意:

① 查看对齐情况时, 可以在时间轴左边图层面板上点击"将所有图形显示为轮廓"图标, 如图 4.17 所示。

② 舞台大小的显示, 可以使用查看工具放大缩小, 也可以在时间轴窗口右上角显示比例中, 根据需要选择大小, 如"符合窗口大小", 如图 4.18 所示。使用查看工具时, 在选择查看工具后, 下方会出现两个放大镜图标, 一个放大, 一个缩小, 可以用"Alt + 鼠标左键"方便地切换放大缩小, 也可以直接拖动框选改变其大小。

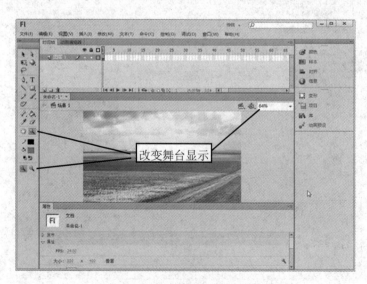

图 4.18　舞台显示大小的设置

(4) 新建图层 2, 并拖动它到图层 1 下方, 再点击图层 1"显示或隐藏所有图层"下方的小圆点, 将图层 1 隐藏起来, 如图 4.19 所示。

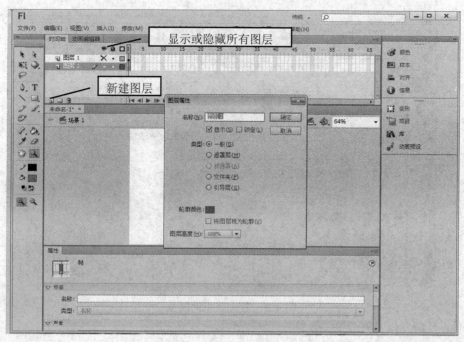

图 4.19　图层操作

注意:

① 图层是动画编辑中一个很重要的概念, 我们可以将不同的元件放置在不同的图层中, 这样能很方便地进行动画编辑。当图层名称后面显示有铅笔图标的时候, 表明该图层正处于编辑状态。

② 双击图层前方标志, 可以对图层属性进行设置, 包括图层名称、类型轮廓颜色、图层高度等的设置。如果只想改变图层名称设置, 可以在图层名称上双击, 如图 4.20 所示。

(5) 在图层 2 左下角画上纸飞机, 并填充上颜色。注意画好后可通过"变形"面板, 设置纸飞机到合适大小, 按 Ctrl + B 键三次, 将图形元件分离为像素点。

(6) 在第 30 帧选择"插入关键帧"命令, 将纸飞机按飞行轨迹移动到相应飞行位置。

(7) 在第 60 帧选择"插入关键帧"命令, 拖入"飞机"图片, 变形使大小与纸飞机相当, 按下"Ctrl + B"键将图形像素化, 选择套索工具, 在功能区中选择魔棒, 单击飞机图形蓝色区, 按下"Delete"键删掉, 边缘删不干净的小条可用橡皮擦擦除, 移动飞机图片到相应的飞行轨迹位置。

(8) 在第 90 帧选择"插入关键帧"命令, 移动"飞机"图片位置, 可改变图片角度、大小, 以显示飞机飞行的变化, 读者可根据喜好自行调整。

(9) 在第 1 至第 30 帧间任一帧处单击右键选择"创建补间形状"命令, 第 30~60 帧间任一帧处单击右键选择"创建补间形状"命令, 第 60~90 帧间任一帧处单击右键选择"创建补间形状"。重新调整图层 1、2 的顺序, 并分别命名为"飞机"图层和"大地"图层, 如图 4.20 所示, "飞机"图层在上, "大地"图层在下。

(10) 按下"Ctrl + Enter"键即可欣赏制作好的动画。

Flash 中每一个对象, 一般称为一个"元件"。要学会制作动画, 制作元件是必须要掌握的。后面的学习中, 元件的制作将是一个重点。

图 4.20　变形飞机的制作

(11) 最后，保存及发布。

使用"另存为"命令保存的文件，扩展名为 .fla；按下"Ctrl＋Enter"键欣赏动画后，会自动生成一个 .swf 的 Flash Player 文件。

选择"文件"→"发布设置"命令，弹出如图 4.21 所示的文件发布窗口，可以根据自己的需要，选择设置要发布的文件格式。

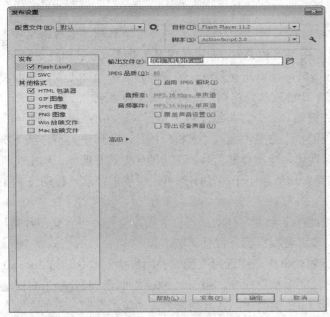

图 4.21　Flash 文件的发布

44　变形飞机制作效果

设置好要发布的文件格式后，可以在"文件"→"发布预览"里观看效果，如果效果满意，就可在"文件"→"发布"里，发布成相应的文件格式。

比如，可将我们创作的变形飞机发布成".gif"文件，分享给自己的朋友。

任务 3 工具箱的使用及对象的相关修改编辑

学习目标

※ 熟悉工具箱中各种工具的功能及使用方法。

※ 掌握对象的修改编辑方法。

※ 学会动画的基本绘制技巧。

※ 熟练使用不同工具，进行动画元件创作的具体任务。

具体任务

1. 工具箱中工具的使用方法

2. 对象的相关修改编辑知识

3. 实例——绘制动画图形

任务详解

1. 工具箱中工具的使用方法

在前面的案例学习中，我们已经使用过一些工具，如线条工具、选择工具、套索工具、颜料桶工具、橡皮擦工具等。下面将对各种工具的主要功能及用途作一较详细的介绍，以方便在后面应用中，能更加得心应手。

1) 线条工具

线条工具是用于绘制直线的工具。在工具箱中选取"线条工具"后，可先在属性面板中设置好填充和笔触、样式、缩放及端点等，然后在舞台中单击并拖动就可以绘制直线，如图 4.22 所示。

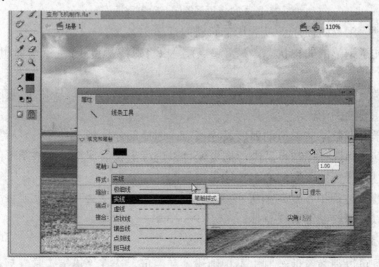

图 4.22 线条工具属性设置

使用线条工具来绘制从起点到终点的直线，在按下鼠标左键进行拖动时如果按住了"Shift"键，则可绘制水平、垂直或以45°角度增加的直线。

2) 钢笔工具

选取钢笔工具，用鼠标左键单击起点，然后移动到下一个位置，按住鼠标左键不放拖出所需的线条，然后再用同样的办法绘出到下一点的线条，双击鼠标代表绘制结束。如果绘制不满意，可用部分选取工具进行调整。

下面以绘制卡通海豚为例，详细介绍钢笔工具的应用：

(1) 选择钢笔工具，单击一点定位起点，将鼠标移动到另一点位置，按住鼠标左键不放拖动，调整绘制线条的形态。

(2) 点一下后一个点，使控制柄只剩一个(作为新起点)，再将鼠标移动到另一点位置，按住鼠标左键不放拖动，画第二条曲线。

(3) 用同样的方法，绘制出一个卡通海豚。画图过程中，可综合使用直线、铅笔、刷子工具，如图4.23所示。

图4.23 用钢笔工具绘制海豚

在使用钢笔工具时需注意以下几个问题：

一是要注意钢笔的四种状态：╳ (起点)、╲(将弧线变直线)、+ (增加句柄)、− (减少句柄)。

二是要学会综合应用直线、铅笔、刷子工具。不同部位，可以选用不同工具，会更快、更好地画出想要的图形。

三是要学会调整某些部位的弧度及连接点：选择部分选择工具，当鼠标指针变为黑色的三角形时，鼠标选择控制点后进行拖曳就可以进行形状的调整，调整图形的形状是一个非常漫长的过程，一定要有耐心，才能做出好的作品。

四是在绘制过程中，对句柄等不好掌握时，可以按下"Z"键放大或按下"Alt + Z"键缩小图形以方便绘制细节或整体。

3) 铅笔工具

铅笔工具可以很随意地绘制出不规则线条和图形。选择"铅笔工具"后，可以使用附属选项更改其参数，有三个选项可以选择，如图 4.24 所示。

- "伸直"：表示自动把线条转化成折线。
- "平滑"：表示线条尽量地圆滑。
- "墨水"：表示尽量保持绘画的轨迹，也就是不作任何变化，保持原来的绘画形状。

图 4.24　铅笔工具的选项

4) 椭圆工具、矩形工具与多角星形工具

利用椭圆或矩形工具，配合 Shift 键，可绘制圆或正方形。

绘制圆弧角矩形时，可以在属性栏里的选项中进行相应设置。要利用多角星形工具绘制多角星或其他多边形时，在属性栏里点击"选项"修改即可，如图 4.25 所示。

图 4.25　多边形工具设置及效果

5) 墨水瓶工具、颜料桶工具

墨水瓶工具主要用于更改线条的颜色和样式；颜料桶工具用于更改填充区域的颜色，

包括缺口大小和锁定填充两个选项，缺口大小决定如何处理未完全封闭的轮廓，锁定填充决定 Flash 填充渐变的方式。

已经有填充色与边框色的元件，对其进行更改填充色与边框色时，可以选择墨水瓶工具与颜料桶工具，具体操作方法是在颜色面板的"混色器"中设置填充样式，亦可直接在左边工具栏下方选择填充色选项，或者在窗口下方属性面板中更改填充色样式，如图 4.26 所示。

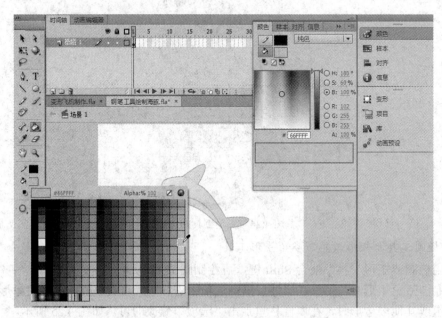

图 4.26　颜料桶色彩的设置

6) 任意变形工具、渐变变形工具

任意变形工具用来改变对象的大小情况，包括长、宽、旋转、倾斜等。如图 4.27 所示中的小白点代表旋转的中心点，用鼠标可以改变其位置。

渐变变形工具用于将图形变换为渐变填充的效果，它需要在填充中使用了"渐变填充"效果时才有效，如图 4.28 所示。

图 4.27　任意变形工具

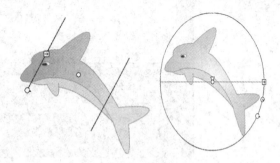

图 4.28　渐变变形工具

7) 选择工具

选择工具是一个最常用的工具，它用来选择舞台中的一个对象。

　　通常选择的方法有两种：点选和框选。点选可以选择一个组件、线条或者连续的填充区域。选中一个组件会出现蓝色的边框，选中填充和线条后就会出现麻点状态。

　　如果要选择多个对象且对象的分布不规则，也就是选择不连续的对象，可以按住"Shift"键然后逐个点选来完成这些对象的选择。在选择线条的时候只能选择两个点之间，可以使用双击来选择相连的线条。

　　当鼠标接近绘制的图形时，会出现如图 4.29 所示鼠标形状，这时可按住鼠标拖动来改变图形的外形。

图 4.29　选择工具使用效果

8) 部分选取工具

　　部分选取工具用来修改由铅笔或钢笔所绘制的线条。当用部分选取工具选取所绘曲线时，曲线上面会出现一些节点，鼠标点击节点，节点上会有控制柄出现，如图 4.30 所示，拖动控制柄上的点便可修改线条的形状。

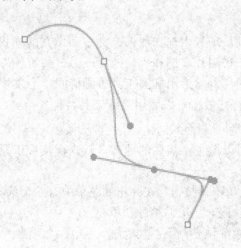

图 4.30　部分选取节点调整

9) 套索工具

　　套索工具是一种用来实现选取功能并进而对图像进行处理的工具，对于图像的修剪非常有用，使用方法也比较简单。

套索工具选项包括魔术棒和多边形。魔术棒(Magic Wand)可根据颜色选择对象的不规则区域；多边形(Polygon Mode)可选择多边形区域，如图 4.31 所示。

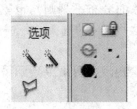

图 4.31　套索工具选项

10) 刷子工具

刷子工具可以为各种物体涂抹上颜色。使用刷子工具绘制的图形从外观上看似乎是线条，但其实是一个填充区域，只不过没有边线而已。用刷子工具还可以制作出特殊效果，例如书法效果。

使用刷子工具时可以选择刷子的形状和大小，也可通过属性面板设置线条的平滑值，如图 4.32 所示。

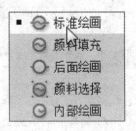

图 4.32　刷子工具选项

11) 吸管工具

使用吸管工具可以从场景中选择线条、文本和填充的样式，然后创建或修改相应的对象。从场景中导入一张图片，选择"修改"→"分解组件"命令将图片打散。此时用吸管工具点击一下该图片，然后用椭圆工具去画椭圆，会发现导入的图片作为了椭圆的填充。(导入的图片只有打散才可以使用吸管工具。)

12) 橡皮擦工具

使用橡皮擦工具可以擦去不需要的地方。双击橡皮擦工具，可以删除舞台上的所有内容。

选择橡皮擦工具，单击该按钮，在弹出的菜单中有 5 个选项，具体如下。

- 标准擦除：擦除同一层上的笔触和填充。
- 擦除填色：只擦除填充，不影响笔触。
- 擦除线条：只擦除笔触，不影响填充。
- 擦除所选填充：只擦除当前选定的填充，并不影响笔触(不管笔触是否被选中)。以这种模式使用橡皮擦工具之前，请选择要擦除的填充。
- 内部擦除：只擦除橡皮擦笔触开始处的填充。如果从空白点开始擦除，则不会擦除任何内容。以这种模式使用橡皮擦并不影响笔触。

13) 手形工具

手形工具用于移动工作区使其便于编辑，其功能相当于移动滚动条。选择该工具后，使用鼠标在工作区中拖动页面即可调整。手形工具可以在放大的工作区中移动动画。

14) 缩放工具

缩放工具用于调整工作区的显示比例。选择放大镜工具(或按 Z 键)，在场景中点击鼠标左键，场景以及里面的对象将被放大。缩小时，按住"Alt"键的同时单击鼠标左键。按住鼠标左键拖动将需要放大的部分框住，然后松开鼠标即可。利用选项栏可放大或缩小对象。

15) 文本工具

文本工具用来输入文字信息。选择文本工具，在工作区按住鼠标拖出文本框，输入文字。对于已经输入的文本还可以进行以下调整或处理。

· 文字变形：可使用任意变形工具使文本变形。

· 文本分离为普通图形：执行命令"修改"→"分离"(快捷键"Ctrl + B")，将文本分离为独立文字，再次分离("Ctrl + B"按两次)，使其成为普通图形，如图 4.33 所示。

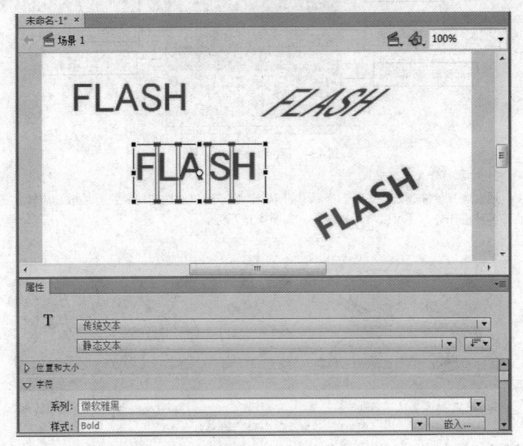

图 4.33　文本工具的使用

文字的编辑主要在属性面板中进行，这里不再详述。

常用工具快捷键，请参考书后附录一：Flash 工具箱中常用工具主要功能及快捷键。

2. 对象的相关修改编辑知识

对象的相关修改编辑，主要包括"颜色"面板的相关操作，对象的修改及变形操作，移动、复制和删除对象操作，对象的组合与分离等操作。

1）颜色面板

使用"颜色"面板，可以更改线条和填充的颜色，如图 4.34 所示。

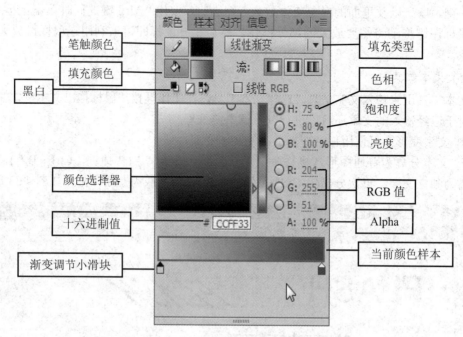

图 4.34　颜色面板各部件功能

2）对象的修改及变形

通过选择"修改"、"变形"菜单中的命令，除了可以对选定对象进行缩放、旋转、扭曲等各种操作外，还可以将对象翻转，如图 4.35 所示。

原图对象　　　　水平翻转　　　　　垂直翻转　　　顺时针旋转 90°　　逆时针旋转 90°

图 4.35　"修改"、"变形"菜单命令效果

3）对象的组合与分离

对象的组合：选择"修改"→"组合"命令，可以将多个对象组合为一个整体，对这个整体进行统一的编辑。

对象的分离：选择"修改"→"分离"命令，可以将整体的图形对象打散，将打散的图作为一个个可编辑的元素进行编辑。

4) 移动、复制和删除对象

在制作 Flash 影片时，常常需要移动对象。对于需要重复创建的图形对象，可以通过复制功能来创建该对象的副本。而对于不需要的图形对象，则可以将其删除。

- 移动对象：如果需要移动对象，可以通过多种方式实现。
- 复制、粘贴对象：按住"Alt"键拖动对象可以快速地复制对象。另外，选取某一对象后，按下快捷键"Ctrl + D"也可以直接复制出对象的副本。但是这两种复制只能在同一图层同一帧的舞台上进行。
- 删除对象：如果不需要某对象，可将该对象从文件中删除。

3. 实例——绘制动画图形

Flash 动画制作中，经常需要绘制动画图形，对于非艺术专业的读者来说，这是一大难点。下面我们介绍一些绘制简单动画图形的方法和技巧。

1) 常用绘图技巧

- 几何图形法：用几何图形组合成图案。
- 点画法：用刷子绘制，所选颜色比较丰富。
- 图形组合法：通过较简单的图形，组合成复杂的图形。
- 拟人法：主要用来画能动的东西。

如图 4.36 所示是用几何图形法绘制的家具、交通工具、服装等。

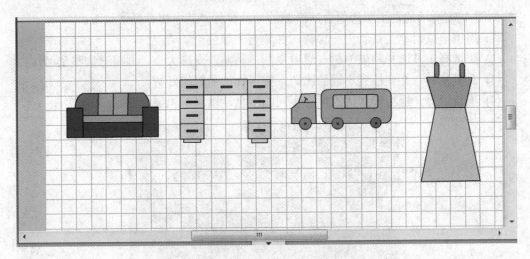

图 4.36　几何图形法绘制的家具、服装等

注意：

① 绘制时为了便于观察，可以通过选择"视图"→"网格"→"显示网格"命令，打开网格。

② 绘制时可以不管图形大小，等绘制好后用选择工具选中元件，通过变形命令调整大小。

③ Flash 中绘制的图形为矢量图，变换大小时不会失真。

如图 4.37 所示的是用点画法绘制的一幅梅花图，其具体画法如下：

(1) 用刷子工具，选择不同大小、不同颜色的笔绘制梅花干。为了有层次感，可以在不同图层进行绘制。

(2) 依照图形大小不同比例，绘制花朵和花蕾。

(3) 点出花蕊。

图 4.37　点画法画梅花

如图 4.38 所示的是用图形组合法绘制的一片树林，其中树林画法如下：

(1) 用钢笔或铅笔工具画出一棵树，并填充上颜色。

(2) 用选择工具选择画出的树，通过复制、粘贴，变形大小，并将它们移到旁边。

(3) 反复复制，并变换到不同的比例，按树林的需要摆好树。

(4) 重新给每一棵树干和树冠填充不同的颜色，以显示出层次感。

图 4.38　图形组合法画树林

注意：

① 在按住 "Alt" 键的同时拖动鼠标左键，移动元件到指定位置后松开鼠标就完成了

图形的复制。

② 按下"Q"键打开任意变形工具，可以方便地对图形进行任意变形，但最好是先变好形，再放到要放置的位置，否则会使其他图形出现空白。

③ 后复制的图形，会盖住先前的图形。

④ 对不同的图形部件，最好是放在不同的图层进行编辑。

任务 4　动画基础知识

学习目标

※ 了解动画的原理。

※ 熟练掌握时间轴与帧的知识。

※ 熟悉图层的应用。

具体任务

1. 学习动画的制作原理；

2. 了解时间轴的概念；

3. 掌握帧的操作；

4. 加深对图层的认识；

5. 实例——制作翻飞的飞机；

6. 实例——制作遮罩动画。

任务详解

1. 动画的制作原理

动画是将静止的画面变为动态的艺术。实现由静止到动态，主要是靠人眼的视觉残留效应。利用人的这种视觉生理特性，可制作出具有高度想象力和表现力的动画影片。

变化效果由 Flash 控制。Flash 常用于制作对象的位移、尺寸缩放、旋转、颜色渐变等。Flash 是利用播放连续帧的方式产生动画效果的，在 CS6 中默认动画效果是每秒 24 帧。Flash 生成的动画文件，其扩展名默认为 .fla 和 .swf。前者只能在 Flash 环境中运行，后者可以脱离 Flash 环境独立运行。

在 Flash 中可以制作的动画有以下三种。

• 逐帧动画：创建每帧动画的内容，然后逐帧播放。

• 动作补间动画：同一个对象不同状态的变化，其效果包括旋转、放大缩小、透明度变化等。

• 形状补间动画：两个图形对象的变换，其效果由 Flash 控制，动画效果是从一个图形转换为另一个图形。

在 Flash 中可以进行动画特效制作，常用的制作方式有以下两种。

1) 运动引导动画的制作

在 Flash 中，除了可以使对象沿直线运动外，还可以使对象沿某种特定的轨迹运动，这种使对象沿指定路径运动的动画可以通过添加运动引导层来实现，具体操作可参看本任务中的实例(制作翻飞的飞机)。

2) 遮罩动画的制作

对于一些特殊的动画效果，如聚光灯、淡入淡出效果、水波等，都可以通过 Flash 的遮罩功能来实现。

2. 时间轴

前面的学习中已经用到不少关于时间轴面板和帧的概念，这里，将系统地作一介绍。时间轴面板结构如图 4.39 所示。

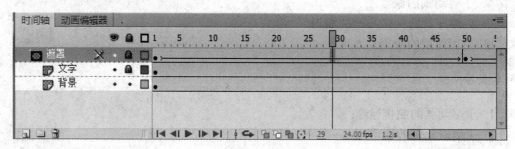

图 4.39　时间轴面板

(1) 顶区：用于切换和显示场景名称，包括动画文件间的切换、编辑场景和编辑元件间的切换。

(2) 图层区：每个图层都包含一些舞台中的动画元素，上面图层中的元素会遮盖住下面图层中的元素。

(3) 时间帧区：Flash 影片将播放时间分解为帧，时间帧区用来设置动画运动的方式、播放的顺序和时间等。

(4) 状态栏：指示所选帧编号、当前帧频以及到当前帧为止的运动时间。

3. 帧的操作

帧是构成 Flash 动画最基本的单位，而对帧的所有操作都是在"时间轴"面板中进行的，如图 4.40 所示。

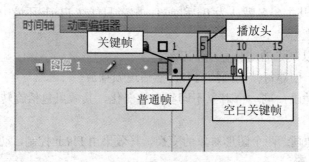

图 4.40　帧的种类

1) 帧的种类

帧分为普通帧、关键帧和空白关键帧三种，不同类型的帧代表的含义也不同。

· 普通帧：也称静态帧，它显示同一图层中最后一个关键帧的内容。在时间轴上，普通帧必须跟在关键帧的后面。在使用时，一般为了增加最后一帧动画的播放时间，即动画播放结束时定格在最后一帧，需要在动画的最后关键帧后面添加普通帧。

· 空白关键帧：空白关键帧的帧格里显示一个白色小圆圈，场景里是一片空白区域，没有任何内容。

· 关键帧：如果在空白关键帧里编辑内容，帧格里小白点就会变成实心小黑点，这一帧就变成了关键帧。

除了以上三种类型的帧，还有一种特殊帧——过渡帧。过渡帧是指位于起始关键帧和结束关键帧中间的帧，在 Flash 中按其动画处理方式过渡帧一般分为两种类型：运动补间过渡帧和形状补间过渡帧。

(1) 运动补间过渡帧(简称运动过渡)。运动补间过渡帧可用来处理动画中定义的元件、实例、组合体或文本块在时间轴上的属性，如位置、大小、颜色和旋转的变化。运动补间过渡帧至少需要用两个关键帧来标识，中间蓝色背景的即是过渡帧。

(2) 形状补间过渡帧(简称形状过渡)。形状补间过渡帧用于图像变形，也需要由两个关键帧来标识，中间绿色背景的即是过渡帧。

注意：补间过渡帧如果是用虚线标识，表明中间有问题过渡帧，一般为关键帧丢失。

2) 帧的操作

(1) 创建帧。在时间轴上单击选中要创建关键帧的帧(可同时选中多个帧)，然后选择"插入"→"时间轴"→"关键帧"命令，或按快捷键 F6，即可在选中的帧上插入关键帧；选中帧后，选择"插入"→"时间轴"→"空白关键帧"命令或按快捷键 F7，即可插入空白关键帧；选中要创建普通帧的帧，然后按快捷键 F5 即可插入一个普通帧。

(2) 编辑帧。双击时间轴状态栏上的"帧频率"按钮，打开"文档属性"对话框，在"帧频"编辑框中输入适当的帧频；使用"选择工具"在舞台空白处单击后，在"属性"面板的"帧频"编辑框中直接输入帧频。

帧频率是指单位时间内播放画面的张数。在"属性"面板中可设置帧频，其值越大，播放的速度越快。一般设为 12 fps，即每秒播放 12 帧。

(3) 选择帧的显示状态。单击时间轴面板右上角的"帧的视图"按钮，在打开的菜单中选择相应选项。

(4) 选择帧。在某帧上单击鼠标左键即可选中该帧，被选帧会以反黑显示；按住"Ctrl"键，单击要选择的帧，可选择不连续的多个帧；在按住"Shift"键的同时单击开始与结束帧，可选择连续的多个帧；要选择某个图层上的所有帧，只需单击该图层即可，要选择多个图层上的所有帧，只需按住"Shift"键，然后单击要选择帧的图层即可。

(5) 移动帧。在选中帧后按住鼠标左键并拖动，松开鼠标即可将所选帧移动到目标位置；另一种移动帧的方法是，选择要移动的帧，右击被选帧，在弹出的快捷菜单中选择"剪切帧"，然后右击要移动的目标帧位置，在弹出的快捷菜单中选择"粘贴帧"。

(6) 复制帧。在要复制的帧上右击鼠标，从弹出的快捷菜单中选择"复制帧"，然后选中要粘贴帧的目标帧，在帧上右击鼠标，从弹出的快捷菜单中选择"粘贴帧"，即可将源帧复制到目标位置；另一种复制帧的方法是，选择要复制的帧后，在按住 Alt 键的同时拖动所选帧，松开鼠标后，即可将选中的帧复制到目标位置。

(7) 删除帧。选中要删除的帧，然后在选中的帧上右击鼠标，在弹出的快捷菜单中选择"删除帧"，即可将所选帧删除。

(8) 清除帧。如果在弹出的快捷菜单中选择"清除帧"，可将所选帧在舞台上的内容清除但不删除所选帧。

(9) 翻转帧。选中要翻转的帧，然后在被选中的帧上右击鼠标，在弹出的快捷菜单中选择"翻转帧"，即可翻转所选帧。

(10) 绘图纸功能。通常情况下，在舞台中一次只能显示单个帧上的内容，使用绘图纸功能后，便可以在舞台中一次查看两个或多个帧上的内容，具体操作如下：

① 单击"绘图纸外观标记"按钮，一般当前关键帧中的内容用实色显示，其他帧中的内容以半透明显示；

② 拖动时间轴上方"绘图纸外观标记"的两端，可以调整显示范围，如图 4.41 所示。

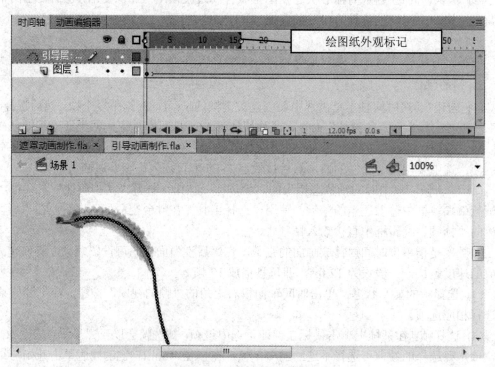

图 4.41　绘图纸外观操作

③ 单击"绘图纸外观轮廓"按钮，此时将显示各帧内容的轮廓线，填充色消失。

④ 单击"编辑多个帧"按钮后，可以通过拖动"绘图纸外观标记"选择要编辑的多个关键帧，然后同时编辑这些关键帧中的内容。

⑤ 单击"改绘图纸标记"按钮后，在弹出的菜单中可设置"绘图纸外观标记"的相关选项。

4. 图层的认识

前面的练习中已经用到了图层的概念。在 Flash 中，用不同的图层来存放不同的对象，利用它可设置各对象之间的层次关系。切记不同的动画不能放在同一个图层。用户可以使用图层文件夹来组织和管理图层。

1) 图层的作用和类型

Flash 中的图层主要有以下几个作用。

(1) 在绘图时，可以将图形的不同部分放在不同的图层上，各图形相对独立，从而方便编辑和绘图。

(2) 在制作动画时，因为每个图层都有独立的时间帧，所以可以在每个图层上单独制作动画，多个图层组合便形成了复杂的动画。

(3) 可以利用一些特殊图层制作出特殊效果的动画。

Flash 中的图层主要有普通图层、引导图层、被引导图层、遮罩图层和被遮罩图层几种类型，如图 4.42 所示。

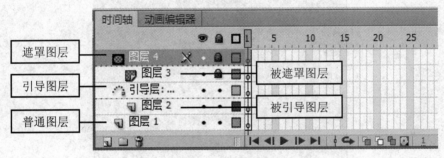

图 4.42　图层的类型

2) 编辑图层

(1) 新建图层：单击"时间轴"面板左下角的"插入图层"按钮 ，即可在当前图层上方新建一个图层。

(2) 选择图层：单击某个图层的图层名称，即可选中该图层，然后在按住 Shift 键的同时，单击另一个图层名称即可选中这两个图层之间的所有图层；在按住 Ctrl 键的同时，单击需要选择的图层名称，可同时选中多个不相邻的图层。

(3) 改变图层顺序：在图层上按住鼠标左键不放，并将其拖动到目标位置即可改变图层顺序。

(4) 隐藏、显示与锁定图层：单击图层 👁 图标下的 ● 图标，当 ● 图标变为 ✕ 形状后，该图层即被隐藏；要显示被隐藏的图层，只需单击 ✕ 图标即可。

单击"时间轴"面板左上方的 👁 图标，所有图层都将被隐藏；再次单击 👁 图标，可显示全部图层。

(5) 显示图层轮廓线：单击图层名称右侧的 ▣ 图标，当其变为 ▢ 形状时，该图层上所有对象都只显示轮廓线；再次单击 ▣ 图标可恢复原状。

单击时间轴面板左上方的 ▢ 图标，可使全部图层上的对象只显示轮廓线；再次单击 ▣ 图标，可恢复原状。

单击某图层 🔒 图标下的 • 图标，当 • 图标变为 🔒 形状时，表示该图层被锁定；解除图层的锁定，单击图层名称右侧的 🔒 图标即可。

单击时间轴面板左上方的 🔒 图标，可锁定全部图层；再次单击 🔒 图标可解除所有图层的锁定。

(6) 设置图层属性：在要设置属性的图层名称上右击鼠标，然后在弹出的快捷菜单中选择"属性"菜单，即可打开"图层属性"对话框 ，通过"图层属性"对话框可设置图层的各种属性，如图 4.43 所示。

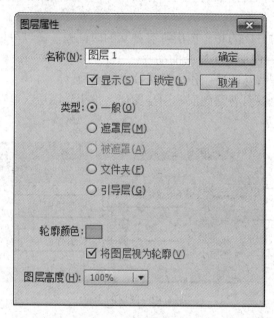

图 4.43　图层属性设置

(7) 图层文件夹：图层文件夹(Layer Folder)用于对图层进行分类，方便管理图层。单击时间轴面板左下角的"新建文件夹"按钮，可创建一个图层文件夹。将所选图层拖到图层文件夹下方，即可将图层放置在图层文件夹中。双击图层文件夹名称进入编辑状态，可重命名图层文件夹。

5. 实例——制作翻飞的飞机

本实例主要介绍引导图层、时间轴与帧的综合应用。

(1) 新建动画文档，导入飞机图片到场景中，将飞机图片剪辑调整到合适的大小。

(2) 在飞机图层上单击鼠标右键，选择"添加传统运动引导层"，为飞机添加一个引导层，选择钢笔工具(或铅笔工具)，在引导图层场景中绘制一条弯曲的曲线，作为飞机的运动轨迹。(曲线转折不要过大，否则飞机飞行轨迹会显得不自然。)

(3) 在图层 1 第 100 帧中插入关键帧，引导层插入帧。在第 1 帧处将飞机拖曳到曲线左边端点，飞机会自动吸附在曲线上。在第 100 帧处将飞机拖曳到曲线终点并吸附。在图层 1 第 1 帧至 100 帧中任意帧右击，选择"创建传统补间"，如图 4.44 所示。

(4) 选择补间中任一帧，在下面补间属性栏中，勾选 "调整到路径"选项，飞机将根据轨迹自动转向。

注意：飞机的最后一帧的方向应尽可能地跟曲线轨迹方向一致，否则飞机转向会不自然。

(5) 按"Ctrl + Enter"，观看动画效果。

注意：如果飞机飞行速度过快，可以将鼠标移到帧数目栏，按下"F5"键快速插入多帧，或者在属性栏中将帧速改为 12 fps。

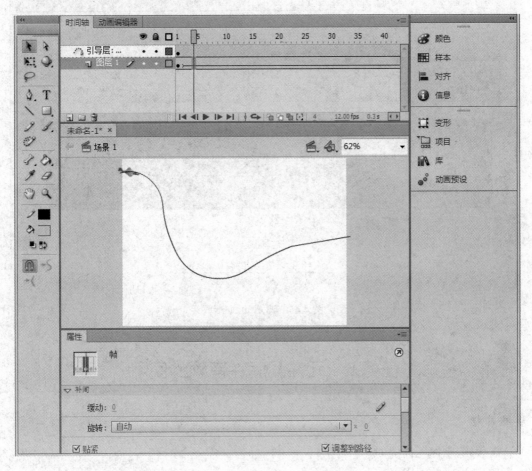

图 4.44 添加传统引导图层

6. 实例——制作遮罩动画

(1) 新建文档，将第 1 层改名为"七彩背景"，画一个无边矩形，彩色渐变填充。

(2) 新建图层 2，改名为"文字"，输入文字，调整好大小、字体等格式。

(3) 新建图层 3，改名为"遮罩"，用椭圆工具画无边圆，任意填充色(制作探照灯文字效果)，把圆转换为图形库文件。

(4) "遮罩"图层在第 50、100 帧处"插入关键帧"，并在第 50 帧处将圆拖至文字最右边。在第 100 帧处分别为"背景"和"文字"图层"插入帧"。在"遮罩"层第 1 帧和第 50 帧处分别选择"创建传统补间"按钮。

(5) 右击"遮罩"图层，在右击菜单中单击"遮罩层"，拖动"七彩背景"图层往上，使其同样被遮罩层所遮罩，如图 4.45 所示。

(6) 按下"Ctrl + Enter"键，观看动画效果。

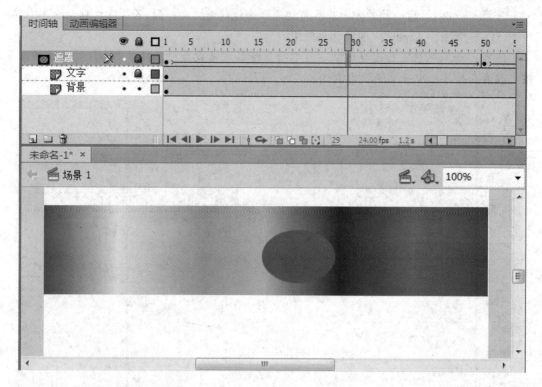

图 4.45　遮罩动画制作

任务 5　元件和库、音频的使用

学习目标

※ 熟练掌握元件的创建。

※ 熟悉库的调用。

※ 掌握声音的导入。

具体任务

1. 创建元件
2. 库
3. 实例的编辑
4. 多媒体音频的使用

任务详解

1. 创建元件

元件是 Flash 动画的基本元素，如果把 Flash 动画比作是一部电影，那么元件就是演绎这部电影的演员，所以了解熟悉"演员"是非常重要的。

元件只需要创建一次，即可在整个文档中重复使用。当修改元件的内容后，所修改的内容就会运用到所有包含此元件的文件中，这样就大大方便了用户对影片的编辑。

在文档中使用元件会明显地减小文件的大小。

1) 元件的种类

在 Flash 中，元件有三类：图形、按钮和影片。

· 图形元件：可以是导入的位图图形、矢量图形、文本对象和 Flash 工具创建的线条、图形等。

· 按钮元件：主要用于动画的交互使用。

· 影片元件：其实质就是可重复使用的一段动画。

2) 元件库

一个 Flash 动画中创建的元件都存放在元件库中，只要把库中的元件拖放到场景中，就可以创建一个相应的实例。元件库中的对象可以在动画中多次重复使用，如图 4.46 所示。

图 4.46　元件及元件库的引用

3) 创建元件

Flash 创建元件的方法有以下两种。

一种是可以通过舞台上选定的对象来创建元件，具体操作方法为：选定舞台对象，菜单栏中选择"修改"→"转换为元件"命令或者单击鼠标右键，选择"转换为元件"命令，弹出如图 4.47 所示的对话框。

第二种是创建一个空元件，然后为该元件添加相应的内容，具体操作方法为：选择"插入"→"新建元件"命令，弹出如图 4.48 所示的对话框。

图 4.47　转换元件

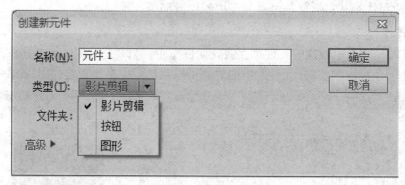

图 4.48　创建新元件

2. 库

库是 Flash 动画中可重复使用元素的存储仓库，所有的元件创建后都保存在库中。导入的外部素材，如图像、声音、视频等也保存在库中。通过库，可以对其中的各个元件进行操作。

库可分为打开文件的库和系统提供的公共库。打开文件的库中存放的是当前打开的文件中所使用的元件，可通过选择菜单中的"窗口"→"库"命令打开该库，该库中的元件只可在当前文件中使用，如果要使用其他文件中的库，则需要选择"导入命令"后方可。公共库则是系统创建的，可通过选择"窗口"→"公共库"命令打开。

3. 实例的编辑

舞台中的实例创建后，可以修改实例的各种属性，包括名称、大小、位置、倾斜、颜色和透明度等，然后再以新的名称保存在库中。

舞台上的图形可转化为元件，元件拖动到舞台就是实例。相反，也可将实例打散，成为图形后，重新编辑保存为元件。选中舞台上的实例，执行"修改"→"分离"命令即可将实例打散，实例打散后的图形具有图形的一切属性，可以使用工具箱中的工具进行编辑。

4. 多媒体音频的使用

Flash 支持最流行的 WAV 和 MP3 两种声音文件格式及很多其他格式。如果遇到 Flash 不支持的声音文件格式，可以用音频编辑软件(如"格式工厂"等)进行格式转换，然后导入到库或舞台中。

导入声音的具体操作步骤是：菜单栏中选择"文件"→"导入"→"导入到库命令"，选择要导入的音乐。

新建一个图层，选中要添加声音的图层，选择声音开始的帧，将声音文件直接从库窗口拖到舞台上，如图 4.49 所示，需要音乐在什么时候停止，可在相应帧处点击"添加帧"。

用户可创建多个图层，导入不同的声音组合在一起。

图 4.49 中，"数据流"可控制声音与动画同步，将声音分配到每个帧中，与动画同时停止。

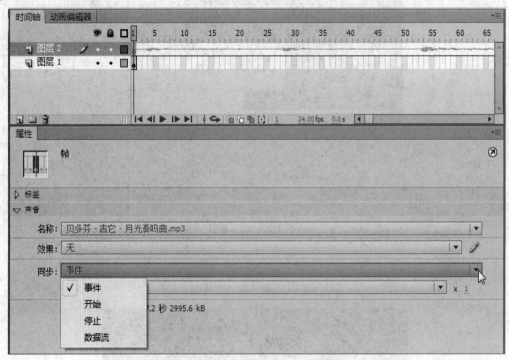

图 4.49 多媒体的应用

综合实训 制作生日音乐贺卡

网上有着各种各样的贺卡，但那都是别人做好了的。自己亲手制作一张独有的生日贺卡送给朋友，会蕴含特别的含义。这里，我们通过制作这样一张贺卡，来综合练习 Flash 的制作技巧。

(1) 新建一个 Flash 文档，文档属性用默认(即 fps：24，大小：550×400 像素，舞台背景为白色)。

(2) 制作背景：按下快捷键"Ctrl + F8"，新建一个名为"背景"的影片剪辑元件，绘制一个 550×400 像素的矩形，用混色器渐变填充两种不同深浅的蓝色(#000066, #0000CC)，如图 4.50 所示。

图 4.50　填充背景颜色

用"渐变变形工具",调整背景矩形的颜色,如图 4.51 所示。

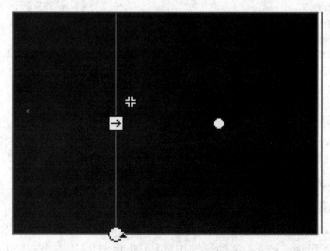

图 4.51　用渐变变形工具调整背景颜色

(3) 制作烛焰:按下快捷键"Ctrl + F8",新建一个名为"烛焰"的影片剪辑元件。用钢笔工具拖画一个大致的火焰外形,再点"选择工具"下的"➡S"图标,使其平滑,复制一个火焰并将其变小,再手动移到大火焰中形成火焰外形。之后将外焰填充为黄色、内焰填充为红色,删去边框,如图 4.52 所示。

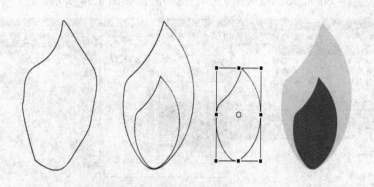

图 4.52　烛焰描绘方法

选中第 1 帧，连续按下 F6 键，加入 4 个关键帧，用任意变形工具在新添的每帧上做一个微小变形，形成火焰闪动效果。

(4) 制作蜡烛：按下快捷键"Ctrl + F8"，新建一个名为"蜡烛"的影片剪辑元件，将图层 1 命名为"蜡烛"。

① 制作烛身：用椭圆工具画一个椭圆，并复制该椭圆，在菜单栏选择"编辑"→"粘贴到当前位置"命令，按住鼠标并拖动光标将复制的椭圆往下拖至合适的位置，再用直线工具将两个椭圆的左边和右边分别连起来，制作蜡烛的烛身；用选择工具选中前面绘制的烛身，按下"Ctrl + B"键转换为形状，再删掉圆柱中看不见的线；用填充工具线性填充，增加一个色块，中间为红色，两边为黑色，圆柱顶端为黄色；用钢笔工具增加一个锚点，再用部分选择工具拖出一个滴蜡效果，删除线条，完成蜡烛烛身的制作，如图 4.53 所示。

图 4.53　蜡烛烛身绘制

② 制作蜡烛：先新建图层命名为"烛芯"，选择铅笔工具，笔触设为 10 像素，模式选择"平滑"，颜色选择灰色，画出烛芯；再新建一图层命名为"烛焰"，从库里将烛焰元件拖至烛芯上，并调整到合适大小；之后新建一图层命名为"光晕"，选择椭圆工具，笔触颜色设为无，填充为径向渐变，设置四个色块均为黄色，左右色块 Alpha 设置为 0，中

间色块 Alpha 设置为 60 和 20，以火焰为中心画一圆，如图 4.54 所示。

图 4.54　蜡烛的制作

（5）制作星星：按下快捷键"Ctrl + F8"，新建一个名为"星星"的影片剪辑元件。选择多边形工具，在属性面板的工具设置中单击"选项"按钮，将样式设置为"星形"，填充色为黄色，画一个星星，用选择工具进行调整使星星较柔和一些。

在第 20、40 帧上按下 F6 键，创建两个关键帧，在第 20 帧上设置其 Alpha 值为 30，并在 0、20 帧处选择"创建传统补间"，如图 4.55 所示。

图 4.55　创建闪烁星星元件

(6) 导入音乐：菜单栏中选择"文件"→"导入"→"导入到库"命令，将音乐导入到库中。

(7) 完成贺卡制作：点击场景 1，双击图层 1，并将图层 1 改为"背景"层，打开"库"面板，把"背景"元件插入该层场景中，在"对齐"面板上将背景在舞台上对正；从"库"面板里把"星星"元件拖入场景中，调节大小，放置在不同位置；拖入"蜡烛"元件，调节大小，放到合适的位置；拖入导入的音乐；用文字工具录入祝福语。如果要做较炫的效果，可以通过插入元件的方式制作，再放到卡片中展示，如图 4.56 所示。

图 4.56　生日音乐贺卡制作

(8) 观看动画：按下"Ctrl + Enter"键欣赏动画效果。

最后，当然需要发布，然后给朋友欣赏了。不过，如果发布成".gif"文件的话，就没有声音效果了。

为了提高编辑动画效率，经常需要用到 Flash 快捷键，具体参见附录二。

45　生日音乐贺卡制作

习　题　四

1. 填空题

(1) Flash 源文件的扩展名是_____，Flash 动画文件的扩展名是_____。

(2) Flash 中用于选择图形的工具有_____和部分选取工具。

(3) 定义一个动作的起始状态和终止状态的帧称为_____。

(4) 　　　　Flash 中补间动画分为_____和_____。

(5) _____元件用于制作独立于影片时间轴的动画。

(6) 任意变形工具可用于对对象进行_____、_____、_____、倾斜和封套等操作。

(7) _____是动画的基本单元，Flash 动画就是连续播放它而形成的。

(8) _____就像透明的玻璃纸，在上面绘制对象，就像将不同的对象绘制在不同的玻璃纸上，再叠加显示出来。

(9) _____用于管理元件，元件绘制完毕后都会自动保存到其中。

(10) 没有添加任何对象的关键帧称为_____。

2. 简答题

(1) 什么是补间动画?

(2) 简述元件和实例的关系。

3. 画图题

(1) 利用引导动画，制作一个"弹跳小球"的动画。

(2) 制作卡拉 OK 动态字幕。

附 录 一

Flash 工具箱中常用工具主要功能及快捷键

名 称	快捷键	功 能
选择工具	V	选取和移动场景中的对象，也可改变对象形状
部分选取工具	A	选取并调整对象路径，也可移动对象
线条工具	N	绘制直线对象
套索工具	L	选取不规则对象范围
钢笔工具	P	绘制对象路径
文本工具	T	编辑文本对象
椭圆工具	O	绘制椭圆形和圆形对象
矩形工具	R	绘制矩形和正方形对象
多角星形工具		绘制多角星对象
铅笔工具	Y	绘制线条和图形对象
刷子工具	B	绘制矢量色块或创建一些特殊效果
任意变形工具	Q	任意变形对象、组、实体或文本块
填充变形工具	F	对形状内部的渐变或位置进行填充变形
墨水瓶工具	S	编辑形状周围的线条的颜色、宽度和样式
颜料桶工具	K	用于填充图形的内部
滴管工具	I	对场景中对象的填充进行采样
橡皮擦工具	E	用来擦除线条、图形、填充
手形工具	H	用于场景的移动
缩放工具	Z	用于放大或缩小场景
3D 操作工具	W	可对影片剪辑进行三维空间的操作，如旋转等
Deco 工具	U	用于自动填充整块区域(很少使用)
骨骼工具	M	制作一些人体关节动画等

附 录 二

Flash 常用快捷键

功　能	快捷键	功　能	快捷键
新建影片	Ctrl + N	插入帧	F5
打开影片	Ctrl + O	删除帧	Shift + F5
关闭影片	Ctrl + W	插入关键帧	F6
保存影片	Ctrl + S	插入空白帧	F7
读入文件	Ctrl + R	清除关键帧	Shift + F6
文件发布	Shift + F12	旋转和缩放	Ctrl + Alt + S
预览	F12	对齐	Ctrl + K
元件与场景切换	Ctrl + E	组合	Ctrl + G
显示 100%	Ctrl + 1	取消组合	Ctrl + Shift + G
显示帧	Ctrl + 2	打散组件	Ctrl + B
显示全部	Ctrl + 3	测试影片	Ctrl + Enter
靠齐	Ctrl + Alt + G	影片播放	Enter
转换为组件	F8	打开库	Ctrl + L
新建组件	Ctrl+F8	打开调色器面板	Alt + Shift + F9

参 考 文 献

[1]　赵洛育，韩东晨．Premiere Pro CS4 影视编辑实例教程．北京：清华大学出版社，2010.

[2]　尹敬齐．多媒体技术．北京：机械工业出版社，2010.

[3]　向静．数码摄影抓拍技法．重庆：电脑报电子音像出版社，2010.

[4]　王轶冰．多媒体技术应用实验与实践教程．北京：清华大学出版社，2015.

[5]　王朋娇．摄影作品创作．北京：人民邮电出版社，2013.

[6]　曹晓兰，彭佳红．多媒体技术与应用．北京：清华大学出版社，2012.

[7]　赵子江．多媒体技术应用教程．北京：机械工业出版社，2013.

[8]　艾德才．计算机多媒体应用基础．北京：中国水利水电出版社，2001.

[9]　耿建业，李大民．Flash MX 标准教程．北京：海洋出版社，2002.

[10]　刘本军．Photoshop CS2 图像处理教程．北京：机械工业出版社，2008.

[11]　史秀璋．Photoshop 应用案例教程．北京：电子工业出版社，2007.

[12]　怡丹，泽寸．Photoshop 数码照片处理．上海：上海科学技术文献出版社，2009.

[13]　杨斌．Photoshop CS3 特效设计 36 技与 72 例．北京：兵器工业出版社，2009.

[14]　刘昆杰，肖晗．Flash 8 中文版动画制作．北京：人民邮电出版社，2009.

[15]　袁小红．多媒体技术及应用．北京：高等教育出版社，2011.

[16]　汇图网：http://www.huitu.com/

[17]　素材公社：http://www.tooopen.com/

[18]　68PS 联盟：http://www.68ps.com/

[19]　昵图网：http://www.nipic.com/

[20]　乖乖网：http://www.guaiguai.com/